探秘新宇宙

太阳

U0212714

小多（北京）文化传媒有限公司 编著

陕西新华出版传媒集团
未来出版社

图书在版编目（CIP）数据

太阳 / 小多（北京）文化传媒有限公司编著 . -- 西安：未来出版社，2015.9
（探秘新宇宙）ISBN 978-7-5417-5872-0

Ⅰ . ①太… Ⅱ . ①小… Ⅲ . ①太阳 - 青少年读物
Ⅳ . ① P182-49

中国版本图书馆 CIP 数据核字 (2015) 第 274746 号

tàn mì xīn yǔ zhòu　　tài yáng
探秘新宇宙·太阳

出 品 人　尹秉礼
选题策划　陆　军
责任编辑　陈　艳
技术监制　宇小玲
发行总监　董晓明
出　　版　陕西新华出版传媒集团
　　　　　未来出版社
社　　址　西安市丰庆路 91 号
经　　销　全国各地新华书店
印　　刷　深圳当纳利印刷有限公司
开　　本　787mm×1092mm　1/16
印　　张　6
版　　次　2016 年 2 月第 1 版
印　　次　2016 年 2 月第 1 次印刷
书　　号　ISBN 978-7-5417-5872-0
定　　价　28.00 元

目录
CONTENTS

前言

PREFACE

2015 年 3 月 9 日，一架翼展巨大、机身却很单薄的奇特飞机迎着晨光从阿联酋首都阿布扎比起飞，开启了环球之旅。这架"阳光动力 2 号"飞机最特殊的地方就是它不会使用一滴燃料，完全靠太阳能电池板产生的电力驱动。此次冒险活动的策划者希望借此向人们展示太阳能这样的清洁能源技术将如何改变世界。

其实，我们对太阳的力量并不陌生，人类和人类的祖先已经在太阳的光和热之中沐浴了亿万年。我们从最开始就知道太阳是非常重要的，在各文明的神话传说中，它或是巨大的三足乌鸦，或是驾着烈焰战车的神明，甚至是众神中的领袖。不过，直到现代科学开始萌芽的时候，人类才真正认识了太阳。科学家发现太阳才是地球和其他行星围绕运转的中心。而对日地距离的成功测量，让人类认识到太阳是个远比地球巨大的天体。人类的目光借此突破了地球，开始真正了解我们在宇宙中的位置。

在无数个时代中安心享用太阳光和热的人类也开始好奇这样巨大的能量是从何而来。科学家对此提出了若干假说，最终确定，是核心中氢原子的聚变反应点亮了太阳。这个发现让我们知道了满天繁星的星光从何而来，进而认识到各种元素是如何产生的，科学家还在探索模仿太阳、获取无尽能源可能道路。

太阳有温柔的一面，它用它的光与热滋养着万物；太阳也有狂暴的一面，它的表面在磁场的驱动下剧烈活动，抛射出大量的高能粒子。虽然地球磁场为我们屏蔽了绝大部分粒子，但太阳活动剧烈的时候，还是可能会对地球造成严重的影响。所以，科学家正在用各种设备监测着太阳，希望有朝一日能够预报太阳带来的"太空天气"活动。

2015 年 7 月，"阳光动力 2 号"在抵达夏威夷后暂停了它的环球之旅，原因是电池适应不了热带气候，出现了过热的问题。这样的挫折似乎也暗示着用太阳能改变世界并非易事。但飞机会在 2016 年 4 月重新启程，人类对太阳力量的追求也不会停止。毕竟，除了亲爱的太阳外，我们还能依靠谁呢？

第1章

走进太阳系

告诉我们说万物都被赋予能够呈现明显效应的超自然特性，等于自诉我们一句空话；但是根据现象推引出二三条运动的原理，然后再告诉我们一切有形物质的特性和行为怎样从这些浅显原理推导而来，则会是一个十分重大的进步

——艾萨克·牛顿《光学》

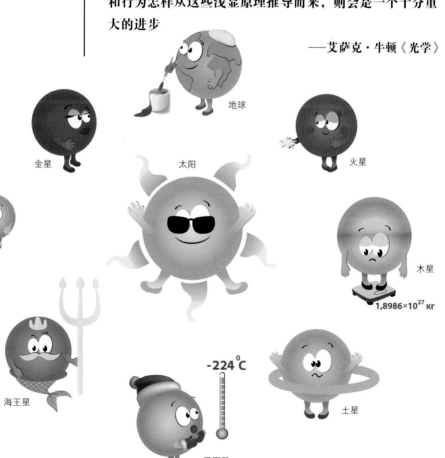

地球

金星

太阳

火星

水星

木星

$1,8986 \times 10^{27}$ кг

海王星

$-224\ ^{0}C$

天王星

土星

Formation of the Solar System
太阳系的形成

天文学中的常用单位

天文单位（AU）：地球和太阳的平均距离。

1AU ≈ 1 亿 5 千米

光年（l.y.）：指光在真空中一年时间内传播的距离。

1 光年 ≈ 9.46×10^{12} 千米

数字的乘方表示式

如果我们写一个大数字，比如一亿，我们可以写成 100,000,000，我们也可以写成 10^8，10 上面这个数字 8，叫作乘方次数，大数字的 1 后面有几个 0，我们就在 10 上面写上几次乘方。如果我们写一个很小的数，比如 0.000001，我们可以写成 10^{-6}，10 上面的 -6，表示小数字的 1 前面有 6 个 0。

太阳系是以太阳为中心，加上所有被太阳引力束缚着的天体组成的集合体。除了太阳外，太阳系的成员还有包括地球在内的 8 颗行星、矮行星、小行星和彗星，还有环绕行星运转的卫星等。

水星是最靠近太阳的行星，距离太阳仅 0.4 天文单位（Au），被列入矮行星。水星之外依次是金星、地球和火星。水星、金星和火星都跟地球一样，是岩石表面的行星，因此也被称作类地行星。在火星之外，是聚集了大量以岩石成分为主的小行星的小行星带，这里最大的成员谷神星已经达到了矮行星的标准。

小行星带再向外，就是太阳系中最大的行星木星。木星和与它相邻的土星都属于气态巨行星。比土星更遥远的是天王星和海王星，这是两颗表面温度非常低的冰态巨行星，海王星也是距离太阳最远的行星，达到了 30 天文单位。

在海王星之外，还有大量主要成分是冰的小天体。这些海王星外天体构成了环状的"柯伊伯带"，还有更遥远的"奥尔特云"。已经降级为矮行星的冥王星就是柯伊伯带的成员。柯伊伯带和奥尔特云中的小天体有时在其他天体引力扰动下会闯入太阳系内部，成为彗星。

在茫茫宇宙中，太阳系这种结构复杂，但又运转得井有条的系统是怎么出现的呢？

太阳系八大行星
的排列和他们的主要
卫星。上面一排展示
按照相同比例缩小的
示意图

阋神星（矮行星）
鸟神星（矮行星）
妊神星（矮行星）
冥王星（矮行星）
海卫三（海卫三）
内勒德（海卫二）
特里同（海卫一）

海王星
耐得斯（海卫三）

天王星
贝琳达（天卫十四）
波西亚（天卫十二）
比安卡（天卫八）
蒲福西达 天卫九
罗斯兰（天卫三）
表丽叶（天卫十一）

土星
恩克拉多斯（土卫二）
忒堤斯（土卫三）
狄俄涅（土卫四）
利亚（土卫五）
米玛斯（土卫一）

木星
欧罗巴（木卫二）
伊奥（木卫一）
伽倪墨得斯（木卫三）
卡利斯托（木卫四）
卡戎（木卫五）

谷神星（矮行星）

火星
德莫斯（火卫二）
福波斯（火卫一）

地球

金星
月球

水星

鹰状星云中浓密的气体和尘埃正在孕育新的恒星，天文学家把这张照片称作"创造之柱"

通过测量陨石里元素的放射性衰变，科学家们推断，太阳系形成于46亿年前。谁也无法确切地说出在这之前发生了什么，但是科学家们根据已有的证据，不断改进有关太阳系起源的理论。目前最为普遍接受的理论叫作"星云假说"：一个巨大星云的一部分在自身引力作用下坍缩，形成了太阳系。

尽管我们对太阳系不断有新的认识，但是"星云假说"现在被普遍接受，所有的证据都指向一团巨大的旋转尘埃气体云——太阳星云的坍缩。没有人知道这个形成了太阳系的星云有多大，天文学家观测到的星云的尺寸小到数百万千米，大到几百光年。星云由许多物质组成，由于引力的作用，里面的气体和尘埃都会互相吸引。于是星云内部的某些气体和尘埃会越靠越近，使这个部分的星云密度增大。而密度增大的部分引力会变得更强，吸引更多的物质，最终导致星云的"坍缩"。

我们已经看到过太阳系之外的星云了，比如鹰状星云，它的一部分看上去很像一只老鹰的头部。天文学家们用哈勃望远镜观察到一些星云（如船底座星云和猎户座星云

原行星盘中的石块不断互相碰撞，可能粉碎掉，也可能聚在一起变得更大，直至成为行星的"种子"

中有恒星诞生，整个过程和太阳的形成过程很相似。

我们可以由此推断出太阳的形成过程，我们所在的星云中的大多数气体和尘埃会聚集在中心地带，形成一颗原恒星（注：这种恒星还没有开始将氢原子聚变为氦原子），剩下的星云物质会在原恒星周围形成一个圆盘。中心地带的坍缩因为非常剧烈，会有相当多的热量产生，原恒星核心的温度上升到可以引发聚变反应时，太阳就开始形成了。我们的太阳大概用了100万年的时间，才形成一颗成熟的恒星，虽然它直到现在也还处在进化中。

随着星云的持续坍缩，它的自转速度越来越快，最后形成了一个扁平的圆盘（称作原行星盘），就像一个滑冰者将张开的双臂收回到身体附近，会旋转得更快而形成的那个圆一样。离圆盘中心较远的气体会冷却收缩，形成更多的尘埃颗粒或者冰粒。随着原行星盘的旋转速度越来越快，圆盘中的小颗粒会频繁撞上其他颗粒，并黏在一起。颗粒聚成石块，变得越来越大，直到成为类似小行星的"星子"，这个过程大约需要1000万年到1亿年的时间。

一旦星子形成，它们就有了足够的引力，吸引附近的尘埃和小型物

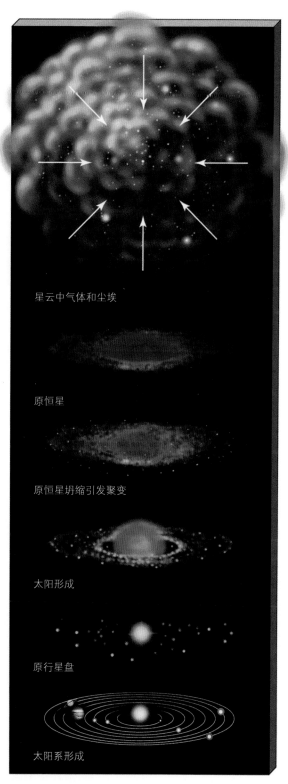

星云中气体和尘埃

原恒星

原恒星坍缩引发聚变

太阳形成

原行星盘

太阳系形成

天文学家认为太阳系是星云坍缩形成的

一旦星子形成，它们就有了足够大的引力，吸引附近的尘埃和小型物体。这些星子会显著增大，直到它们形成彗星、小行星和我们今天看到的其他行星

体。这些星子会显著增大，直到它们形成彗星、小行星和我们今天看到的其他行星，这个阶段持续了 1 亿年到 10 亿年的时间。

太阳风将一些轻的元素比如氢原子和氦原子都吹离了太阳。然而离太阳越远，气体越不容易大量聚集。所以我们的地球、火星、金星和水星这些内行星都是岩石行星，小行星带里的小行星也是金属和岩石组成的。而土星、木星、天王星和海王星这些外行星则都是气态的而且体积巨大。

穿过这些气态巨星，就是柯伊伯带，在那里形成了数百万的冰彗星。总的来说，从太阳的形成，到整个太阳系的形成，一共用了 5 亿年左右的时间，而天文学家们估算的时间则从 2.5 亿年到 10 亿年不等。

然而，太阳系里一些天体的轨道是星云假说理论不能解释的。科学家们还观察到太阳系外的一些行星，也有着古怪的行为，例如非常靠近恒星的巨大气态行星。这让科学家们相信行星曾发生了移动，这个现象被称作"行星迁移"。木星是太阳系中最大的行星，它的移动重塑了整个太阳系。我们看到的太阳系之所以是现在这子，木星功不可没。天文学家认为，木星最初诞生的时候距离太阳 3.5 天文单位。不过当时原行星盘仍存在，木星在其中气体的作用下，逐渐往内移动，一度和太阳的距离达到了仅有 1.5 天文单位。就是大约现在火星所处的位置，而那个时候火星还未形成。如果木星继续靠近太阳，它会因为撞上太阳而被摧毁，还好土星拯救了它。土星当时也在向内移动，它和木星相互作用，清理掉了原行星盘上的气体，使得向内的移动停止甚至反转过来。木星又开始向外移动，越过了它当初形成的位置到了更远的地方，最终到了它现在所在的位置，距太阳约 5 天文单位。而土星则移动到了更远的地方，距离太阳约 9.5 天文单位。

木星的这次旅程给太阳系带来了深远的影响。火星之所以发育不良，没有成长成一个与地球质量类似甚至更大的行星，就是木星的错。木星跑到太阳系内部的时候，把行星形成所需要的材料——尘埃和气体都弹开了，等它离开后，留给将要诞生的火星的资料已经不多了。

土星和木星的相互作用也搅乱了太阳系外侧，它们合力把本来比天王星更靠近太阳的海王星推向远处。海王星冲进了布满冰质的天体的区域，并把这些小天体弹到了更加远离太阳的地方，形成了柯伊伯带。

最后，太阳系就成了我们今天看到的这个样子。

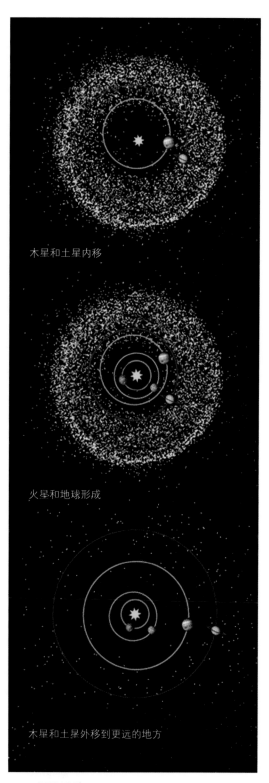

木星和土星内移

火星和地球形成

木星和土星外移到更远的地方

行星迁移

Universal Gravitation
—from Tycho,Kepler to Newton

万有引力定律
——从第谷、开普勒到牛顿

牛顿

开普勒发现了行星运动的规律

有一个故事说，天文学家牛顿在苹果树下休息的时候，一个苹果从树上掉了下来，引起了他的沉思：是什么原因使一切物体都受到总是朝向地心的吸引呢？终于，他发现了万有引力。苹果落下来，是因为受到了地球的引力。而引力在宇宙中是普遍存在的，所以被称作"万有"引力。

在给出万有引力的概念描述之后，牛顿提出了著名的万有引力定律，并发表在《自然哲学的数学原理》中。他晚年曾说，"如果说我看得比别人更远些，那是因为我站在巨人的肩膀上"。我们不能否认牛顿的伟大，但他提出万有引力及万有引力定律，也是在系统总结其他天文学家如开普勒、胡克和惠更斯等人的工作的基础上完成的。牛顿不是最早提出引力存在的天文学家，但是只有他用数学方法，证明了行星运动中引力与距离平方的反比关系，提出了万有引力定律。

在牛顿发现万有引力以前，就已经有许多科学家考虑过这个问题了。德国天文学家约翰·开普勒（Johan Kepler）整理第谷·布拉赫（16世纪天文观测大师，他准确定位了许多恒星的位置，并积累了丰富的关于行星运

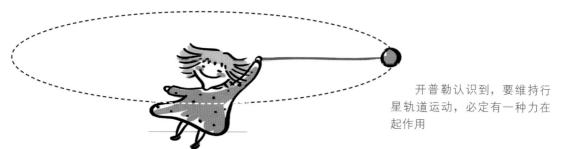

开普勒认识到，要维持行星轨道运动，必定有一种力在起作用

观测资料）关于火星运动的轨道数据，发现火星绕太阳运行的轨道不是圆形，而是椭圆形。在这样的轨道里，太阳不是位于中心，而是偏移到椭圆的焦点上。通过计算，开普勒提出行星周期（行星绕轨道一周所需时间）的平方与其距离太阳的平均距离的立方成正比，这被称为开普勒第三定律。行星离太阳越远，它的运转速度就越慢；行星离太阳越近，它的运转速度就越快。

开普勒并不满足于从观测数据推断出行星运动的法则，他努力追求某种更根本的内在原因——太阳对星球运动的影响。他认识到，要维持行星沿椭圆轨道运动，必定有一种力在起作用。开普勒认为这种力类似磁力，就像磁石吸铁一样。可以说，开普勒预示了万有引力的概念。

荷兰天文学家克里斯蒂安·惠更斯（Christian Huygens）在研究摆钟的运动中发现，保持物体沿圆周轨道运动需要一种向心力。英国实验物理学家罗伯特·胡克（Robert Hooke）认为，彗星靠近太阳时轨道弯曲是因为太阳引力作用的结果。牛顿也认为，如果没有一种力量不断地改变月球的运动方向，使它的轨道成为近圆形，并把它往地球的方向上拉，那么月球就会沿着与轨道相切的方向飞离轨道。牛顿把这种力量叫做重力，并相信它在远距离的地方起作用。虽然在地球和月球之间没有什么东西把它们联系起来，但是地球的确却不

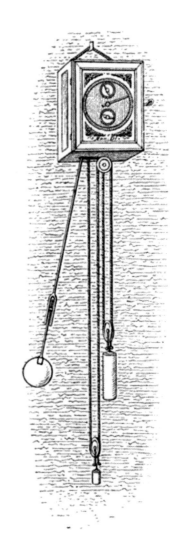

惠更斯在研究摆钟的运动中发现，保持物体沿圆周轨道运动需要一种向心力

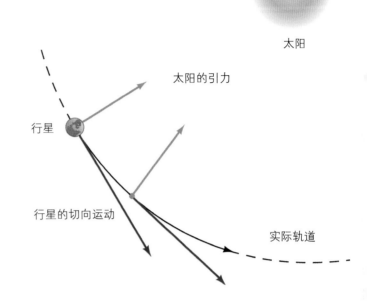

太阳

太阳的引力

行星

行星的切向运动

实际轨道

如果没有一种力量拉扯着地球，它就会飞离轨道，而不会一直绕着太阳转。牛顿指出，这种力量跟拉扯苹果让其落地是同一种力量

断地把月球往我们这边拉。

牛顿花了 20 多年的时间，沿着离心力—向心力—力—万有引力的概念进化顺序，最终提出"万有引力"这个概念和词汇。他在《自然哲学的数学原理》第三卷写道："最后，如果由实验和天文学观测，普遍显示球周围的一切天体被地球重力所吸引，并且其重力与它各自含有的物质之量成比例，则月球同样按照物质之量地球重力所吸引。另一方面，它显示出，我们的海洋被球重力所吸引，并且一切行星相互被重力所吸引。彗星样被太阳的重力所吸引。由于这个规则，我们必须普遍承认一切物体，不论是什么都被赋予了相互的引力的原理。"

胡克和英国天文学家哈雷（Edmond Halley）从惠更的向心力定律和开普勒第三定律，推演出维持行星运动万有引力和距离的平方成反比，但是胡克无法用几何法明该结论。他研究引力长达 20 年，但因为不擅长数学，后他写信向牛顿求助。1679 年，胡克写信问牛顿：能不

ROBERT HOOKE
1635-1703

大概与牛顿同时，英国科学家胡克也在探索引力问题

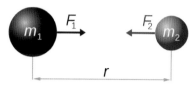

$$F_1 = F_2 = G\frac{m_1 \times m_2}{r^2}$$

万有引力的表示式，上图中 F_1、F_2 是引力，这两个相互吸引的力是等同的，这就是物体之间的万有引力。M_1、M_2 是两个物体的质量，r 是他们之间的距离，G 是引力系数

根据向心力定律和引力同距离的平方成反比的定律，来证明行星沿椭圆轨道运动。牛顿没有回答他的问题。

1687 年，牛顿在《自然哲学的数学原理》上发表了万有引力定律。在书中，万有引力定律是这样表述的：任意两个质点由通过连心线方向上的力相互吸引。该引力的大小与它们的质量乘积成正比，与它们距离的平方成反比，与两物体的化学本质或物理状态以及中介物质无关。如果两个运动物体之间的距离增加一倍，它们之间的引力只有原来的四分之一，如果它们之间的距离是原来的 10 倍，它们之间的引力就比原来的引力小了 100 倍。

开普勒定律是根据第谷的仔细观测结果推断的，牛顿定律则是理论性的，是很简单的数学概念，最终可以推导出第谷观测的一切数据。牛顿对自己的定律引以为豪，他在《自然哲学的数学原理》一书中写道："我在此展示了宇宙的机理。"

遗憾的是，牛顿在他的杰作《自然哲学的数学原理》一书中没有提到开普勒。但是在给哈雷的一封关于万有引力定律的信中，他说："我可以肯定地说，这个定律是我大约 20 年前根据开普勒的理论推导出来的。"牛顿也承认胡克曾经在 1679 年的信中告诉他引力反比定律，但是他本人早在 1666 年就发现了这一定律，也写信告诉了他人，并不需要利用胡克的概念。

所以，万有引力定律的发现并不仅仅是得益于砸在牛顿头上的那个苹果。几代天文学家的研究，就是牛顿所说的巨人的肩膀。从他们的观测、假设、推演，到牛顿的数学推导和证明，才最终使得这个对人类具有划时代意义的理论得以诞生。万有引力和万有引力定律，是牛顿的伟大发现，也是天文学家相互智慧碰撞的结果。但不管怎样，苹果的故事仍然是一个好故事。

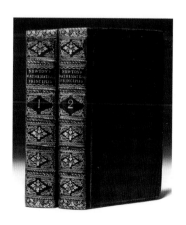

《自然哲学的数学原理》，牛顿在这本书中揭示了支配万物运动的规律，科学史上最伟大的著作之一

星辰运行的规律

　　1597 年，年轻的开普勒写成《神秘的宇宙》一书，在书中，他设计了一个有趣的、由许多有规则的几何形体构成的宇宙模型。当时，已经是赫赫有名的天文学家的第谷看到那本书后，十分欣赏作者的智慧和才能，热情邀请开普勒做自己的助手，还给他寄去了路费。开普勒来到第谷身边以后，师徒俩朝夕相处，结成了忘年交。第谷在临终前将自己多年积累的天文观测资料全部交给了开普勒，并再三叮嘱开普勒要继续他的工作，并将观察结果出版出来。开普勒仔细分析和计算了第谷对行星特别是火星的长时间地观测资料，总结出三大定律。 开普勒的三条行星运动定律改变了整个天文学，彻底摧毁了托勒密复杂的宇宙体系，完善并简化了哥白尼的日心说。而他们师徒两个人惺惺相惜，一个长于观测一个精于归纳推导，共同为经典天文学奠定了基石，成了科学史上的佳话。

　　◆开普勒第一定律，也称椭圆轨道定律：每一个行星都沿着各自的椭圆轨道环绕太阳，而太阳则处在椭圆的一个焦点中。

　　◆开普勒第二定律，也称面积定律：在相等时间内，太阳和运动中的行星的连线（向量半径）所扫过的面积都是相等的。比如图中的示例，从 A 到 B 和从 C 到 D 运行时间一样时，ASB、CSD 的蓝色部分的面积相同。也就是说，在行星的椭圆轨道上，越靠近太阳时，运行速度越快。

　　◆开普勒第三定律，也称调和定律、周期定律：行星绕轨道一周所需时间的平方与其距离太阳的平均距离的立方成正比。换一个通俗的解释：行星离太阳越远，它的运转速度就越慢。通过下面的太阳系 8 大行星的平均轨道速度表（比照他们离太阳的平均距离）可以比较形象地来理解这个规律。

　　水星：47.89 千米 / 每秒

　　金星：35.03 千米 / 每秒

　　地球：30 千米 / 每秒

　　火星：24.13 千米 / 每秒

　　土星：9.64 千米 / 每秒

　　王王星：6.81 千米 / 每秒

　　海王星：5.43 千米 / 每秒

　　开普勒第三定律是牛顿当初发现他的万有引力定律的重要依据和线索之一。

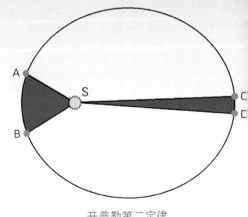

开普勒第二定律

Running of Solar System

太阳系的运行

文明诞生之初，人类就对夜空充满了兴趣。在很早的时候，人们就注意到了天空中有几颗星与其他星有所不同，随着时间的推移，这几颗星会在群星组成的背景中移动。它们移动的范围，大体上不会离开太阳在天空中移动的轨迹。因此，这些星被称作行星。行星的发现意味着人类已经意识到太阳系的天体是在不停运动的。

在接下来的几千年中，人类继续观察着行星，并逐渐总结它们运动的规律。最初，人们在认识上也曾走了弯路，一度把地球当作了太阳系的中心。但在哥白尼、第谷和开普勒等天文学家的努力下，人类认识到包括地球在内的行星都是在椭圆轨道上围绕太阳公转，这些行星的轨道和周

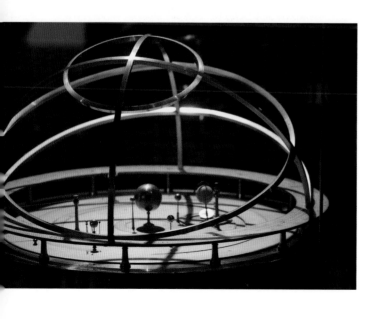

这台哈佛科学中心普特南陈列馆展示的太阳系仪是英国伦敦的本杰明·马丁在1767年制作的，后来被约翰·温斯罗普用在美国哈佛大学的天文课上

期还遵循开普勒行星运动定律。而牛顿的万有引力理论[为]
行星运动规律提供了解释，理论和观测实践在行星运动[上]
终于取得了统一，人类第一次窥见了星辰运行的天机。

不完美的图形

古希腊人认为圆形是最完美的图形，在一个和谐完[美]
的宇宙中，行星的轨道当然也应该是标准的圆。哥白尼[的]
日心说最初也是把地球和行星的轨道当作圆形处理的。[但]
事实往往并不会满足人们的期待，开普勒根据第谷的观[测]
数据发现，行星的轨道实际上是椭圆。其实不仅行星，彗星[、]
小行星等环绕太阳运行的天体的轨道都是椭圆。万有引[力]
理论可以完美地解释这样的现象，在太阳这样的球形天[体]
引力场中，物体多数情况下都是沿着椭圆的轨道运动的[，]
而太阳就在椭圆的一个焦点上。

如果你像古希腊人一样偏爱圆形，也不用太失望。[虽]
然行星的轨道事实上是椭圆，但它们多数都很接近正圆[。]
数学上用一个叫作偏心率的参数来描述椭圆偏离正圆的[程]
度，偏心率越接近于 0，这个椭圆就越"圆"，否则就[越]
扁。地球公转轨道的偏心率是 0.0167，如果按比例缩小[画]
在纸上的话根本看不出来是个椭圆，我们平时看到的地[球]
轨道图一般都夸大了偏心率。金星轨道的偏心率更小，[只]

如果按照原比例把地球的轨道绘制出来的话，其实应该非常接近圆形，就跟左边的图一样。为了展现出地球轨道是个椭圆，我们一般都会把它的偏心率夸大，化成右边图的样子

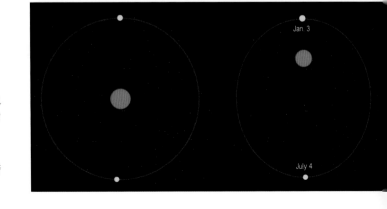

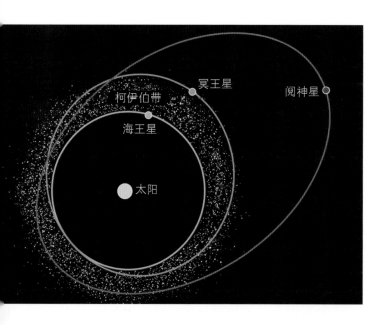

与接近圆形的海王星轨道比起来，冥王星的轨道就明显是个椭圆了，而阋神星的轨道就更扁了

为 0.00677，可以说是个相当完美的圆形了。行星中只有水星是个异类，轨道偏心率达到了 0.2056，比较明显地呈现出一个椭圆。

行星之外的其他天体，例如矮行星的轨道对圆形就不那么偏爱了。位于小行星带的成员还好，谷神星轨道的偏心率 0.08，还是相当"圆"的。而那些海王星外天体的轨道就完全不"圆"了，冥王星轨道的偏心率是 0.2488，阋

行星们的轨道基本在一个平面上，而冥王星这样的海王星外天体和彗星却不遵守这个规律

柯伊伯带

九星连珠？

因为行星们的轨道都在一个平面上，有时数颗行星，例如水、金、木、火、天王和海王星会在轨道上排列成一串。当然严格排在一条直线上是很难出现的，一般当行星汇聚在一个角度不大的扇形区域中，就可以视为"行星连珠"现象了。有人认为这样的几星连珠现象会带来灾难。这当然是无稽之谈，太阳和月球之外的天体的引力对地球的影响都十分微弱，连在一起也不会导致任何问题。

据计算，公元前3001年到公元3000年这6000年中，扇形区域角度在5度以下的"六星连珠"发生过49次，"七星连珠"3次，"八星连珠"以上的情况没有或不会发生。如果把条件放宽，角度扩大到10度，"六星连珠"有709次，"七星连珠"有52次，"八星连珠"有3次。因为冥王星的轨道和其他行星不在一个平面上，所以"九星连珠"几乎不可能出现。

2002年四月的五星连珠，下一次出现将要等到2040年

神星则达到了0.44。（其实海王星外天体轨道的特殊之处还不仅于此。）

彗星的轨道则是扁椭圆的代表，著名的哈雷彗星的轨道偏心率是0.9671。这是个很扁的轨道。要知道，偏心率是个0~1之间的数字，偏心率接近1就是扁椭圆的极限了，如果达到1，闭合的椭圆就变成了开放的抛物线。如果某颗彗星轨道偏心率是1的话，那它就会飞出太阳系去不复返了。

倾斜的圆环

太阳系8大行星的轨道的确基本在一个平面上。以地球的轨道平面——黄道面为基准，其他行星的轨道平面偏离这个平面的角度最多也仅有7度。正因为如此，"六星连珠"之类的现象才不可能出现。

那么为什么行星们的步调如此一致呢？这就要从太阳系的形成说起了。太阳系来自星际气体云的坍缩。因为气体云本身总是有某种程度的自转，虽然引力在压缩它，但它并不能均匀地缩成一团。在垂直于转动轴的方向上，越来越快的旋转所产生的离心力会阻止气体进一步坍缩，而在平行于转动轴的方向上，气体迅速收缩，结果就产生了一个旋转的圆盘。太阳诞生在圆盘的中间，而圆盘上的气体和尘埃制造出了行星。因为行星本来就是从一

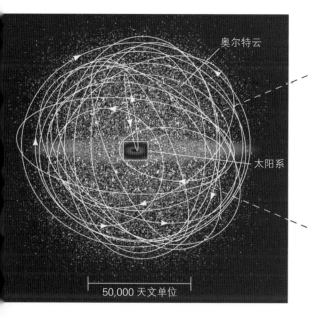

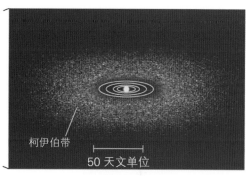

圆环一样的柯伊伯带之外，还有球状的奥尔特云。奥尔特云中的天体轨道大多是圆形

在盘上诞生的，除非受到强有力的干扰，它们当然还分布在这个圆盘上。

在这一点上，被开除了的冥王星的确与其他行星不同。它的轨道和行星们的轨道平面就并不重合，它偏离黄道面的角度达到了 17 度。类似冥王星的海王星外天体往往有较大的轨道倾角。当然，这些天体本来也是在太阳系前身的那张圆盘上形成的，但后来的某些遭遇让它们离开了原来的位置，运动方式也发生了改变。

在气态巨行星的引力作用下，冥王星这样的小天体是身不由己的。太阳系形成早期，木星和土星的引力扰动把海王星推向太阳系外侧，把原来位于这里的小天体搅得四处纷飞。原来在黄道面上沿着近似圆形的轨道运转的冥王星等天体被弹到了倾角更大，偏心率也更大的椭圆轨道上。海王星外，冰质的小天体聚集组成的柯伊伯带本来跟小行星带一样是一个圆盘，在其中一些天体轨道倾角变大后，柯伊伯带变"厚"了，成了现在这个甜甜圈的形状。

还有一些小天体被弹向太阳系内侧，而等在那里的是引力更强的木星，其中一些被木星弹飞到了离心率更大的

法国数学家庞加莱是第一个尝试解决"三体"问题的

21

轨道上，飞向远离太阳的地方，也彻底偏离了原来的圆盘。在那里，在临近恒星引力的作用下，它们的轨道反而又被修正成了圆形，结果形成了球状的奥尔特云。

混沌的未来

虽然有着混乱的过去，如今的太阳系是相当平静的，行星、卫星、矮行星、彗星等天体在太阳引力的支配下井并有条地运转着。但这种稳定是否能一直持续下去呢？这可不是一个容易回答的问题。

1887年，为了祝贺自己的60岁寿诞，瑞典国王奥斯卡二世发起了一场竞赛，征求关于太阳系的稳定性问题的解答。法国数学家庞加莱取得了竞赛的胜利，然而，他并没能解答问题。庞加莱获胜的原因是他证明了这样的问题是无法解决的。哪怕是只有一颗恒星和两颗行星的系统（这就是著名的"三体"问题），也不能预测其长期的运转情况，无法回答这个系统到底是不是稳定的。对于更加复杂的太阳系，就更加无能为力回答这个问题了。

不过，虽然我们不能精确地推出太阳系的未来，但是可以用近似的运算方法推断一下太阳系的可能命运。尤其是近些年来，超级计算机的运算能力不断提高，天文学家已经可以推算数十亿年之后太阳系的可能状况。那么太阳系的未来到底安全不安全呢？答案是：有可能安全。

未来太阳系唯一的危险因素就是水星，在木星的作用下（又是它，木星真是个危险分子），水星有可能失控从而脱离现在的轨道。在这种情况下，地球会受到严重影响，甚至可能会与火星相撞。不过庆幸的是，水星失控的概率只有1%，所以，太阳系有99%的可能可以维持稳定直到太阳本身耗尽核燃料而死亡。即使水星失控，这种情况也不会很快发生，在接下来的5000万年内，我们还是大可安心的。

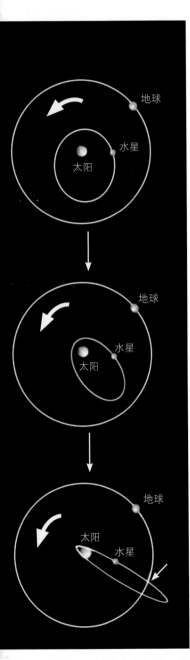

水星是太阳系未来唯一的危险因素，它的轨道有可能会不断拉长，从而干扰其他行星运转，给太阳系带来混乱和毁灭

一切推理都必须从观察与实验中得来。

——伽利略

图注：美国国家航空航天局的太阳动力学天文台可以拍摄各个波段的太阳照片，不同波长传递的是太阳表面和大气不同成分的信息。这张图片是把不同波段的太阳照片拼起来得到的。例如，黄色的那块是 450 纳米波长的照片，展示的就是我们平时看到的光球层，170 纳米波段的紫色块则展示的是色球层。

Solar Simulation
模拟太阳

科学研究的关键一环，就是用实验来检验理论是否正确。所以生物学家要培育小白鼠，物理学家制造了昂贵的粒子加速器。那天文学家该怎么办呢，研究太阳的天文学家总不能在实验室里造出一个太阳来吧。

这样的问题并没有难倒科学家，他们制作了太阳的模型来模拟真正的太阳。不过，它不是一个实物，而是只存在于拥有强大运算能力的计算机中的虚拟模型。

虚拟模型对于频繁接触计算机和智能手机的我们来说并不陌生。一些电脑和手机游戏，其实就是虚拟模型。

太阳模型模拟的是一个炽热的离子体球。它的构建基础是天体物理学，也就是物理学和天文学的结合。为了能够"创造"出太阳，天体物理学家考虑了太阳内部温度、压强和密度，太阳单位时间释放出的能量，太阳的质量、亮度，等等。他们谨慎地做出假设，使问题简单化，然后用数学语言描述太阳，用计算机计算并把结果呈现出来。

对于一个虚拟模型来说，最重要的是能够正确地预测出真实实验的数据。虽然太阳没有足球比赛的胜负和冠军，但是它有它的特征，比如太阳光有一个典型的光谱，太阳表面还有各种频率的振荡（日震）……虚拟模型必须能精确地显现这些已知的事实。

最初，受到计算机性能的限制，科学家的太阳模型往往比较简单。这些模型把太阳的每一层都看成完全均匀

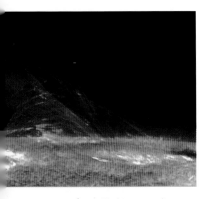

日出卫星（Hinode）2007年1月12日拍摄的照片显示，太阳不同磁极区域上呈丝状的等离子体。等离子体是一种由自由电子和带电离子为主要成分的物质形态，常被称为固体、液体和气体等物质形态之外的第四态

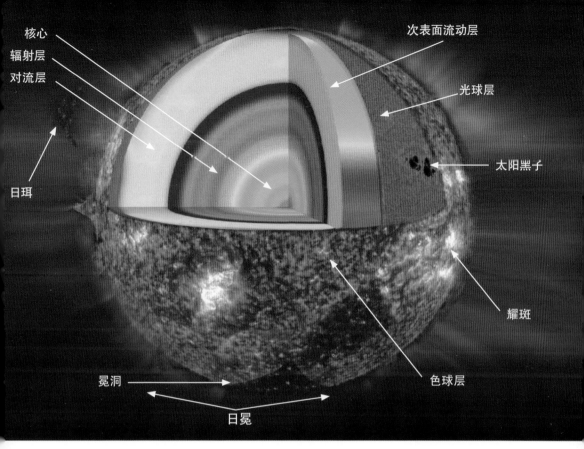

核心
辐射层
对流层
日珥
次表面流动层
光球层
太阳黑子
耀斑
色球层
冕洞
日冕

这幅太阳的剖面图显示了它的内部结构和表面特征

的，只是随着到中心的距离不同而发生变化，因此是一□的模型。虽然这类模型对研究太阳有很大的帮助，但毕□对真实太阳的模拟不够准确。

随着计算机运算能力和速度的提升，科学家开始构□更复杂也更贴近真实太阳的模型。在以前的模型中，大□层都被简化成扁平的一层。2004年，德国马克斯·普□克研究所的天体物理学家马丁·阿斯普伦德（Martin □splund）构建出一个新的太阳虚拟模型，迅速成为太阳学□域的热门话题。他构造的模型中，太阳拥有一个冒着气泡、□于沸腾状态的三维大气层。他希望这个模型能比过去的□维模型更为准确地模拟太阳。

对比新旧模型，阿斯普伦德新模型对太阳光谱的模拟□常准确，更加符合真实的太阳光谱。不过，这个模型也□有争议，就是它计算出的碳含量只是科学家过去估算的□阳碳含量的一半。

太阳基本数据

直径：1.392×10^6 千米

质量：2×10^{30} 千克，约占太阳系总质量的99.86%

平均密度：1.408×10^3 kg/m³

赤道表面重力加速度：274 m/s²

化学组成：氢和氦分别占74.9%和23.8%。重元素占不到总质量的2%（其中氧大约占1%）

核心温度：1.57×10^7 K

表面光球层的温度：5778K（约为5500℃）

金属
1.4%

氦
27%

氢
71.5%

其他
4.8%

硅
5.0%

氮
5.2%

镁
5.3%

氖
9.4%

铁
9.7%

氧
42.9%

碳
17.7%

太阳的物质组成

各元素含量

马丁·阿斯普伦德构建太阳新模型的碳含量是科学估算的太阳碳含量的一半

太阳中碳元素占的比例没办法直接测量，都是通过模型间接计算出来的。新旧模型计算的结果哪个更准确呢？从某个方面来说，新模型的低碳含量似乎更有道理。宇宙中的碳元素最初来自恒星的聚变。前一代恒星"死"去后，释放出来的物质孕育出新一代的恒星，这样新的恒星体内才从一开始就有了碳元素。太阳作为一颗形成于45亿年前的天体，还没有那么多上一代恒星留下的遗产可利用，科学家估计的碳含量似乎太丰富了，倒是阿斯普伦德的太阳模型的碳含量更符合太阳所处的星系环境。但是从另一个

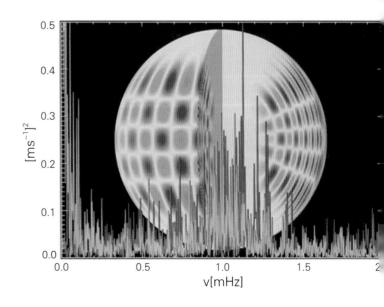

太阳内部一直在持续进行各种频率的振荡，这都是模型要反映出来的特征

面来说，新模型的结果又有问题。更低的碳含量意味着他只关注于太阳内部的模型是有毛病的。但是设定是高含量的太阳模型却准确地预测出了日震的震动模式。这者之间似乎有矛盾。

让我们来重新解释一下：新的描绘出太阳大气层的模在准确地模拟出太阳光谱的同时，也告诉我们，太阳的含量比科学家之前估计的要少一半；而旧的只关注太阳部的模型能准确地模拟出各种日震的振动模式，但也同声明太阳有着高的碳含量。它们不可能都正确。究竟哪模型与真实的太阳更接近？这真是个难题。

虚拟太阳模型必须符合所有可测量的事实——太阳光、日震模式和其他。这些模型之间也应该一致，如果不致，就需要找出其中的原因。

科学家目前并未给出一个明确的解释，他们还在探索。

太阳模型对于恒星科学是很重要的，因为太阳是离地最近的恒星，是我们研究恒星的最佳样本。要想做实验究太阳，就必须构造出符合所有可测量事实的并且相互致的太阳模型。这些在太阳模型下做的实验能够帮助天物理学家了解太阳的内部和外部特征，从而通过借鉴有太阳的研究经验，进一步研究更遥远的恒星。有了这样经验，科学家甚至可以去寻找一个更加遥远的"太阳"，有围绕自己运转的行星和由碳构成身体的科学家。

所以，太阳模型当然值得我们去完善。天文学家要重审视自己的假设和算法，讨论太阳是由哪些物质构成的，些物质分别有多少。弄清楚这个问题很不容易，但它确带来了希望。争议会吸引越来越多的科学家加入其中，质疑，有建议，还有一个个新的想法。我们有理由相信有一天，天体物理学家能够构建出最好的、最可靠的、像太阳的模型！

Fuel of the Sun
太阳的燃料

关于太阳，人类有很多流传已久的传说。北极地区的原住民说，太阳是一个举着熊熊火炬的年轻女子，她在天空中奔跑着，追赶她的哥哥月亮。南半球流传着一个故事，曾经有两个天神紧挨着，没有光能透过他们，照到地球上。最后他们的孩子将他们分开，太阳才露出来，给地球带来生命。

随着对自然世界的认识不断深入，我们对太阳的认识中的幻想成分不断减少，科学内容不断增加。最令人类好奇和困扰的一个问题就是：太阳这看似无穷无尽的能量是哪来的？

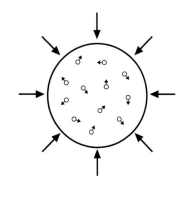

光和热的源泉

1854 年，德国物理学家赫尔曼·冯·赫姆霍兹（Herman Von Helmholtz）在一个基本物理学定律的基础上，解释太阳的工作原理。他的理论被称作"引力收缩"：构成太阳的气体分子，被引力拖拽到一起。随着气体分子越来越多地聚合在一起，它们就形成了一个稠密的核心。这个核心越来越大，从而对附近的气体分子产生越来越大的引力，将更多的气体分子拖向核心。

赫姆霍兹说，这些"落入"核心的气体分子在途中

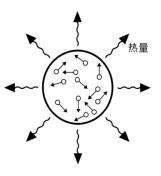

气体在引力的作用下收缩，
温度升高释放出热量

生碰撞。碰撞会产生热。随着引力将更多的气体分子拖
来，核心的密度越来越大，分子之间碰撞的机会越来越多。
姆霍兹认为，正是太阳气体不断地压缩，带来了太阳的
和热。

但是引力收缩理论有一个问题。赫姆霍兹曾估计，按
太阳目前的质量，它的引力收缩释放出的热量可以供其
光 2000 万年。在当时，这个理论听起来是正确的。这个
间长度和 19 世纪中期人类对地球寿命的推测是一致的。

后来地质学家发现了一个更精确的推测地球寿命的方
。他们发现，一些岩石的年龄已经有几十亿年了。而太
不可能比地球年轻，所以天文物理学家开始重新思考太
的工作方式。经过长时间的思考，他们将目光投向了核
变、氢原子和一种叫作"结合能"的神秘力量。

氢是最简单的元素，氢的原子核其实就是单独一个质
；氢也是最丰富的元素。宇宙间充满了氢原子，太阳的
要成分也正是氢。除了氢之外，太阳上第二丰富的元素
氦，它的原子核是由 2 个质子和 2 个中子组成的。1920 年，
国物理学家弗朗西斯·阿斯顿意外发现 4 个氢原子核加
来要比 1 个氦原子核重。要知道，中子和质子的质量非
接近，按理说 4 个氢核加起来应该和 1 个氦核相差无几
对。得知这一发现理论的英国天文学家亚瑟·爱丁顿敏
地意识到，两者质量的差异就是太阳能量来源的关键。

爱丁顿是爱因斯坦的相对论的热情支持者，曾率领研
团队远赴南非观测日全食来验证广义相对论。对相对论非
熟悉的他，想到了爱因斯坦著名的质能方程式 $E=mc^2$。他
出，太阳的能量可能就来自于 4 个氢核结合成 1 个氦核时
损的质量。c 是光速，是个非常巨大的数字，所以这样的
变反应释放出的能量也是非常多的，足可以供太阳燃烧
0 亿年以上，而这就跟地球的年龄没有任何矛盾了。

赫姆霍兹

氢原子核就是一个质子，
质量 1.007276u

$1u = 1.6726219 \times 10^{-27}kg$

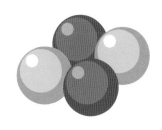

氦原子核由两个质子两个
中子组成，质量 4.001507u

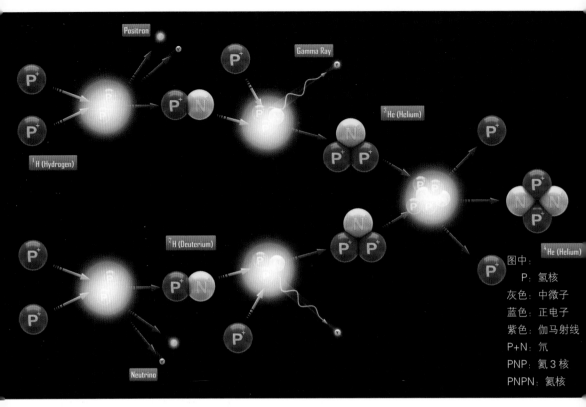

亚瑟·爱丁顿爵士

太阳核心中进行的聚变反应，虽然最终结果相当于 4 个氢核产生 1 个氦核，但中间过程涉及其他多种基本粒子的释放和吸收

图中：
P：氢核
灰色：中微子
蓝色：正电子
紫色：伽马射线
P+N：氘
PNP：氦 3 核
PNPN：氦核

引力收缩虽然不是太阳能量的主要来源，但它为聚反应提供了合适的条件。在太阳的核心，温度非常高，强也非常大。只有在这样的环境中，氢原子核才有机会服彼此间的静电力而结合在一起（带有相反电荷的粒子互吸引，带有相同电荷的粒子相互排斥）。

那又是什么力量让氢核聚在一起的呢？这是一种被科家称为"强核力"的力。与电磁力不同，强核力虽然很强但只能在一个非常有限的范围内发挥作用。它将一个质子一个中子固定在氘原子的原子核里，把两个质子和两个中固定在氦原子的原子核里……还有其他原子的原子核里所的质子和中子。当氢原子核非常接近时，强核力开始发挥用，它们就会不顾静电力的排斥作用而"拥抱"在一起了。

在太阳内部的高温和高压下，氢原子核不断发生聚反应生成氦核，亏损的质量变成能量从太阳流动到地球上

们以光和热的形式感受到了它们。所以太阳的
本燃料是氢。只要太阳核心里的氢原子持续融
，就会不断释放能量。在相当长的一段时间里，
阳会始终闪耀，地球上的生命也会持续下去。

天体物理学家们推测太阳有 46 亿年的寿命
。考虑到太阳正值一颗恒星的青春时期，氢原
仍旧充裕，估计还会在接下来的 50 亿年间持续
我们辐射能量。这个时间比赫姆霍兹的推断要
久远得多。

随着核聚变不断进行，太阳核心的氢原子也
不断减少。太阳的生命也将逐渐走向尽头。虽
氢核聚变的产物——氦原子核也可以发生聚变
应产生碳原子，但它们也有耗尽的一天（质量
大的恒星还可以启动碳原子的聚变反应，产生
重的元素），到那个时候，太阳就开始冷却，
入老年。不过这又是另一个故事了。

造太阳

今天科学家们试图人工模拟出核聚变的过程，
靠"恒星能量"来发电，终结靠燃烧煤炭和天
气产生能量来发电，并释放出温室气体的老办
。举个例子，250 千克的核聚变燃料能产生的
量，相当于 270 万吨煤。利用核聚变能源发电，
但可以避免对大气的污染，也可以减少破坏地
环境的煤矿开采。

研究者们有两种创造核聚变的办法。一种是
性约束核聚变，另一种是磁约束核聚变。但是
种办法还远远不能投入日常使用。最大的障碍
以总结为这个不等式：Q> 10。

光的惊险大逃亡！

光从太阳表面到地球大概需
要 8 分钟的时间，但是在它离开
太阳表面之前，需要经历一场艰
苦的抗争！太阳通过消耗大量的
氢原子而发出光和热。太阳的核
心密度很大，氢原子挤压在一起，
就会聚变成氦原子，并释放出巨
大的能量。而由于太阳内部密度
很高，核聚变释放出的光子从太
阳核心启程后会反复碰壁，举步
维艰，完全发挥不出光速的实力。

最终，在它启程来到地球之
前，已经花费了一千万年的时间
才爬到太阳表面。所以下次当你
沐浴在阳光下的时候，想一想你
正在享受的是一千万年前的光！

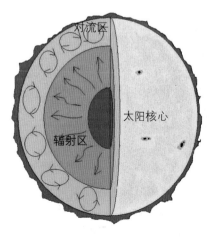

太阳内部的氢原子产生的能量，
在达到地球前，必须要先挣脱太阳

这是磁约束聚变装置的一种，叫作托卡马克装置

其中，Q是一个数值，它等于核聚变反应产生的能量，与激发核聚变需要的能量之间的比值。在核聚变开始之前，一颗原恒星的核心温度必须要达到 1500 万摄氏度。同样的，如果要启动人工核聚变，巨大的能量投入是必需的。如果一座聚变反应堆产生的能量还不如维持反应所需要的能量多，那显然是得不偿失的。研究人员设定的目标是人工核聚变发电厂产生的能量，至少是用于激发核聚变的能量的十倍。到目前为止，我们距离这个目标还有很大的差距。

另一个有待解决的主要问题隐藏在名字里：惯性"约束"和磁"约束"。聚变反应要在极高的温度下才能进行，一团高温物质如果没有什么力量把它们约束在一起的话，早就轰地一下炸开了。事实上这样通过爆炸的方式进行核聚变人类早已实现了，那就是氢弹——一种利用聚变力量制造破坏的恐怖武器。显然，要和平利用聚变的能量，这样做是不行的。聚变反应的高温是没有任何物质做成的容器能承受的，而太阳本身是靠引力来束缚核聚变反应的也无法借鉴。人工模拟核聚变，就需要另外找到约束核爆发的办法，这就是前面说的惯性约束和磁约束。

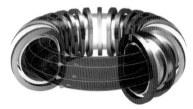

托卡马克中，线圈制造出的环形磁场可以束缚住高温的等离子体

在聚变的高温下，电子与原子核会相互分离，为等离子体。磁场可以约束等离子体，把它们控在一宇范围内流动。目前在法国，一个跨国团队在建造一个磁性约束核反应堆。这个团队里有中人、印度人、日本人、韩国人、俄罗斯人和美国。他们将使用一万吨的磁铁，来约束核反应堆里超热气体。围绕着核反应堆的磁铁创造出的磁场，地球磁场要强 20 万倍。

惯性约束核聚变则有点像恒星内部的做法，用内的力量束缚住进行聚变反应的高温等离子体。过提供这个力量的不是引力，而是高能激光照射变燃料时使其在瞬间气化膨胀所产生的压力。惯约束核聚变将使用 100 多条激光束聚焦在目标叫作"聚变靶"）上，这个聚变靶只有一颗豌豆么大，里面有核聚变燃料。惯性约束的一个问题控制激光，它要使得聚变靶表面能接受到均衡的量。

尽管困难重重，但核聚变能源实在太诱人了，以人们一直没有停止努力。磁约束核聚变反应堆建造正在法国进行。研究人员预期在 2019 年开始试使用。为了达到 Q > 10 的目标，核反应堆要能生 500 兆瓦的电能，因为约束等离子体需要 50 兆的电能。在 2014 年年初的时候，美国一个惯性约核聚变反应堆正式投入测试，科学家宣布，惯性束核聚变反应产生的能量，第一次大于用来激发聚变的能量。

这是人类为了模仿太阳能而走出的一小步，但和当年认为太阳只是火炬的想法相比，却是巨大进步。

美国国家点火设施是目前最大的惯性约束核聚变实验装置，这是反应区内部

在反应区中，极高能的激光照射核燃料，制造出人工太阳

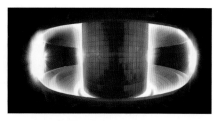

正在进行反应的托卡马克，其实发光的部分是温度较低的地方，真正温度最高的是约束在环形装置内的等离子体，它发出的已经不是可见光了

The Science of Sunlight
阳光的科学

牛顿用棱镜把白色阳光分
解成了七色光

你有没有见过当阳光透过一块晶体时形成的五彩斑斓的颜色？这暗示了白光并非看上去的那么单纯。最早意识到这个问题的是伟大的物理学家艾萨克·牛顿。1666 年，牛顿发现用三棱镜可以将白光分解成不同颜色的光，之后他考虑是否还可以将不同颜色的光复合成白光。牛顿设计了由两个三棱镜和棱镜之间的凸透镜组成的实验装置，从第一个三棱镜照射出来的光可以被汇聚到第二个三棱镜上。果然，透过第二个棱镜的光又变回了白光，照射到他书房的墙壁上。不同颜色的光复合成了白光，实验大获成功！

这个实验证明阳光是由不同颜色的光复合而成的。如今，我们把牛顿做的这个实验称为牛顿色散实验。

恒星的光谱

光被分解成不同颜色的组成部分后，得到的彩虹一样的条带被称为光谱。你可能知道，不同颜色的光有不同

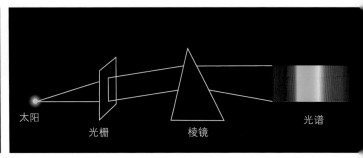

太阳　　　　光栅　　　　棱镜　　　　光谱

长。比如，在可见光里紫外线的波长最短（大约有 400
米），而红外线的波长最长（大约有 650 纳米）。阳光
光谱包含了全部颜色的光，所以被叫作连续谱。事实上，
何炽热的物体都可以产生连续光谱，比如说火山岩浆或
炽灯的灯丝！

既然炽热的物体发出的都是连续谱，那么为什么它们
颜色看上去都不一样呢？木头燃烧后的余烬是红色的，
炽灯的灯丝却是白色的。这是因为，物体温度低时，发
的长波长的红色光比较强，蓝紫色光比较弱，整体颜色

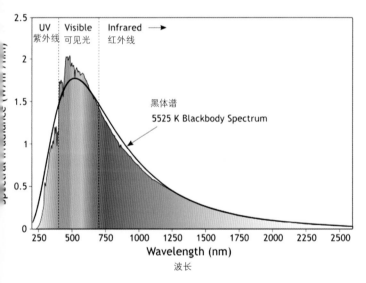

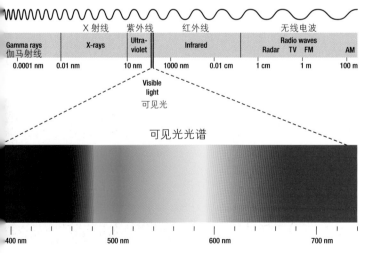

可见光光谱

左下图中按照波长顺序排
列了世界上各种常见的电磁波，
从左到右是：伽马射线、X 光、
紫外线、可见光、红外线、无
线电波。从上图则可看出，太
阳虽然可以发出各种波长的电
磁波，但主要的部分还是集中
在可见光的范围，它的辐射在
可见光波段的青、绿、黄部分
达到了最高峰。物体主要发出
什么颜色的光线，是由它的表
面温度决定的

偏向红色。反过来，温度高时，发出蓝紫色光较强，整个颜色偏蓝色。因此，我们能够通过一颗恒星产生的连续光谱来研究这颗恒星的温度到底有多高。例如，猎户座的参宿四产生的连续光谱中红色部分的亮度要明显高于其他颜色。这就说明猎户座的温度比较低，而天狼星产生的连续光谱中蓝色部分的亮度要明显高于其他颜色，这说明它的温度较高。（如果你凝视参宿四和天狼星，你就能亲眼见证上面所说的：参宿四呈现出一种淡淡的红色，而天狼星则呈现出一种淡淡的蓝色。）

你或许已经猜到连续光谱之所以被称为"连续"光谱是因为这个光谱中间不存在任何间断。但真正的太阳光谱没有这么简单，在连续的色带上其实还叠加着许多黑线，而日食发生时看到的太阳光谱上则有许多突出的亮线。这些线又是从何而来呢？

实际观测得到的太阳光谱并不是简单的连续谱，里面有许多黑线（整条太阳光谱很长，所以分割成许多行，纵向排列起来）

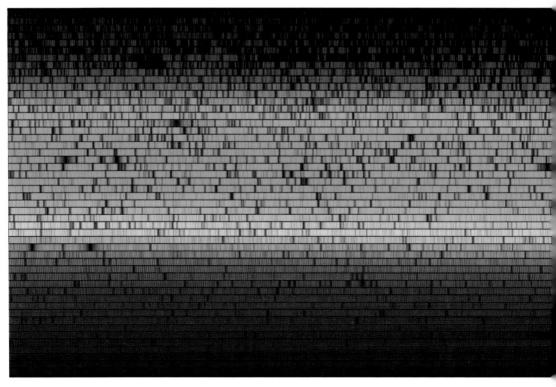

射光谱

你可以抬起手来看看你的指尖上的漩涡和纹路，在这
世界上，没有人和你有一模一样的指纹！和我们的指纹
样，每种元素的原子发光时也有自己独特的"指纹"。
炽热物体发出的混合了各种颜色的光不同，原子的电子
量降低时总是会发出固定颜色的几种单色光，在光谱上
现出一些突出的亮线，这就是发射光谱。例如，氢元素
发射谱线不同于任何其他元素的发射谱线。

1859 年，德国物理学家古斯塔夫·基尔霍夫和德国化
家罗伯特·本生用灯焰烧灼氯化钠，并用分光仪（分解
获得光谱的仪器，三棱镜可以说就是最简单的分光仪）
行观测。结果，他们在光谱上观测到了两条亮黄色的谱线，
就是钠的"指纹"。指纹可以鉴别人的身份，谱线也可
用来鉴别元素的身份。基尔霍夫和本生通过分析光谱，
现了两种新元素，铷（rú）和铯（sè）。

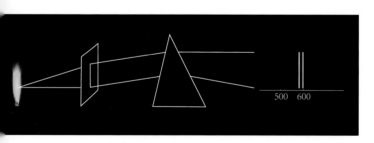

本生用灯焰烧灼氯化钠，
并用分光仪进行观测，可以观
测到两条亮黄色的谱线，这就
是钠的发射光谱

既然知道了这个原理，科学家意识到通过分析太阳的
谱也能鉴别太阳的元素组成了。1868 年，法国天文学家
埃尔·让森为了弄清组成太阳的元素，亲自长途跋涉到
度观看了一场日食，随身还带着他的分光仪。平时光球
的连续光谱掩盖住了元素的谱线，而日食时月球会挡住
球层发出的光，只剩下稀薄的外层大气的发射谱，而这
是研究太阳光谱的绝佳时机。然而当让森用分光仪观测
，他竟看到了一个意想不到的画面！

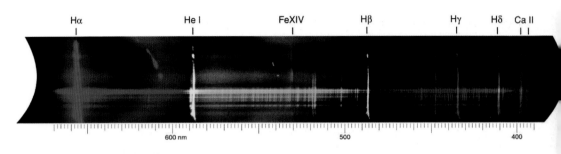

Hα   He I   FeXIV   Hβ   Hγ   Hδ   Ca II

600 nm   500   400

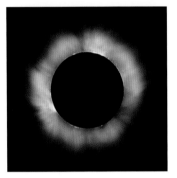

日食时拍到的光谱是一条条亮线，其中就有氦的发射线

让森当然也知道不同元素有着不同光谱。他期待自己能够将日食形成的光谱和一种或几种（已知）光谱对上，这样就能弄清楚组成太阳的元素了。你可以想象当他在日食形成的光谱中看到一条黄色谱线，与其他任何已知元素的谱线都对不上时他有多么震惊。这种黄色谱线从来都没有人发现过！事实上，让森发现了一种全新的元素——氦，这种元素以古希腊太阳神赫利俄斯的名字命名。如今，我们通过分光仪了解到，虽然也包含一小部分其他元素（如氧、碳、钠等），但太阳大部分是由氢元素和氦元素组成的。

吸收光谱

但那些黑线又是什么呢？我们知道燃烧钠可以得到亮线的发射光谱，我们试着把钠蒸汽放到太阳光和测试器中间，让太阳光经过钠蒸汽的吸收再测试太阳光的光谱，从而我们可以看到，在跟发射光谱相对应波长的位置上出现了两条黑线。这时，你很有可能能领悟到黑线和亮线有着必然联系。

想要知道上述两者的关系，我们就需要了解一点儿有关暗色谱线的知识。在牛顿做了三棱柱实验（即牛顿色散实验）约150年后，德国物理学家约瑟夫·夫琅和斐试着自己做三棱镜实验，他拥有了更精良的设备，并用了略微不同的方法。正因为如此，他发现了太阳光谱中存在一些暗线，而牛顿从来没有发现过这些暗线。

夫琅和斐向人展示他观测光谱的仪器

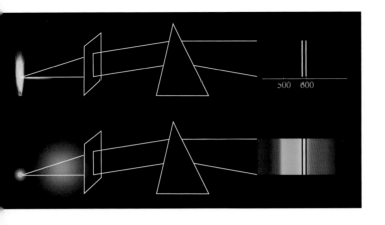

上图是燃烧钠得到发射光谱，下图是把钠蒸汽放到太阳光和测试仪器中间，让太阳光经过钠蒸汽的吸收而得到的太阳吸收光谱。图中黑线刚好出现在发射光谱相对应波长的位置上

夫琅和斐一次又一次地做着实验，每次都会使用不同三棱镜。通过反复实验，他逐渐意识到暗色谱线在太阳谱中的位置是固定的。因此，他便开始绘制一幅地图，他能够发现的每个位置上的每条谱线都画了下来。一年时间里，他竟然发现了将近600条暗色谱线。后来人们他的名字给这些谱线命名为"夫朗和斐谱线"。

那么是什么产生了这些暗色谱线呢？光谱上出现的暗意味着本来在那个位置的光失踪了，也就是某种颜色的被吸收了。原子既可以让电子能量降低而发光，也可以收同样颜色的光让电子能量升高。当光源和观测者之间在温度较低的气体时，低温气体中的原子就会吸收与自"指纹"对应的光。某些颜色的光被吸收，而剩下的光会不受影响继续传播，到了观测者的分光仪中，出现的是有许多暗线的光谱了。

也许到这里你会说"等一下"。上面说过我们的让森太阳光谱中观测到了发射谱线，而现在又说夫朗和斐发太阳也能产生吸收谱线。那到底光谱上是暗线还是亮线？我怎么能知道我将要得到的是一个发射光谱还是一个收光谱呢？

答案取决于光抵达我们之前的经历。我们平时看到的阳光来自太阳内层，太阳外层的温度要低于内层，高温气体发出的光经过低温气体，就会被吸收，看到就是连续谱叠加上吸收谱。发生日食的时候看到的就是太阳最外层发出的光，没有被温度更低的气体吸收，就是发射谱了。

现在，天文学家会观测太空中所有类型的天体的光谱，包括彗星、行星、恒星和星系等。通过鉴定元素的"指纹"，就可以确定天体的组成成分，而光谱的作用还不仅仅局限于此，它还可以被用来测量密度、温度、距离或亮度。恒星和其他行星离我们太遥远了，我们很难真正去到它们那里收集样本带回实验室。而利用光谱，科学家就可以让样本自动来到他们手里来，当然，是以光的形式。科学家通过研究光，便可以研究整个宇宙。

只因为牛顿当年看了一眼他书房墙上的七彩颜色，便使如今的我们能够弄清恒星和宇宙中其他物体的组成，这是不是很奇妙呢？

炽热物体，例如太阳内部，直接发出的光是连续谱，通过了低温气体，如太阳外层大气后有些颜色光被吸收，就会叠加上吸收谱（如图右上）。外层的稀薄气体直接发光则是发射谱（如图右下）

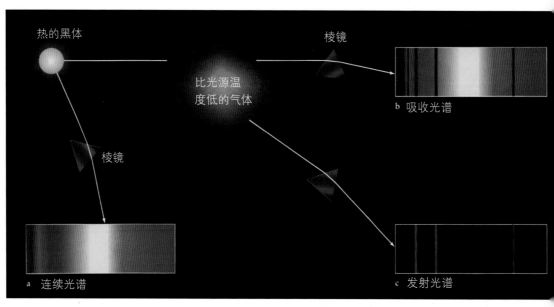

热的黑体

棱镜

比光源温度低的气体

棱镜

b 吸收光谱

a 连续光谱

c 发射光谱

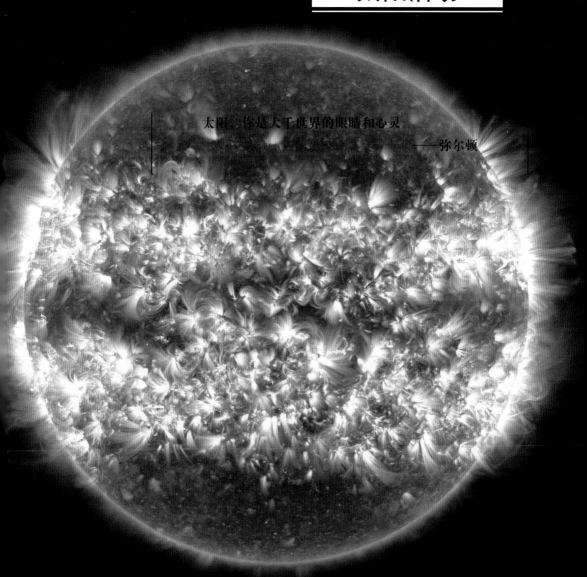

第 3 章

太阳活动

太阳，你是大千世界的眼睛和心灵

——弥尔顿

图注：这张照片是 2012 年 4 月 16 日至 2013 年 4 月 15 日一年间，太阳动力学天文台拍摄到的 25 张太阳极紫外线（121 ~ 10 纳米）照片的合成图。太阳赤道两端沿着磁力线方向布满亮环和弧线，太阳活动正在到达 11 年周期的最高峰。

Staring at the Sun!
借双眼睛看太阳

太阳动力学观测卫星（Solar Dynamics Observatory，简称SDO）

NASA 的 SDO 带给你最美丽、最神秘、最震撼的图片观光之旅

"千万不要直视太阳！"这个忠告你肯定听过无数次，原因很简单——阳光会灼伤视网膜，给你的眼睛造成无法逆转的伤害。人类的眼睛的确不是观察太阳的理想工具，它不但无法承受强烈的阳光，而且也只能看到可见光，而太阳许多精彩活动发出的都是紫外线等人眼看不到的电磁波。不过我们人类个擅长利用工具，天文学家已经把能够替我们观察太阳的"眼睛"送上了太空，它们不但可以一直盯着太阳，也不会遗漏任何可见光波段之外的信息。

太阳动力学观测卫星（Solar Dynamics Observatory，简称 SDO）就是这样的一只"眼睛"。它是美国国家航空航天局（NASA）2010 年 2 月 11 日从佛罗里达州肯尼迪航天中心发射的太阳观测卫星。现在，SDO 正运行在 36000 米的地球同步轨道上，能够不间断地对太阳进行观测。的任务之一就是观测太阳大气的最外层，也就是日冕的活动，它拍摄照片的清晰度是高清电视的 10 倍，这些照片以前的照片更全面、更详细地揭示了太阳的面貌。

太阳动力学观测卫星的特长可以观测和拍摄各种波的电磁波，因此能够描绘出太阳表面不同温度部分的情况SDO 主要观测 10 种不同波长的电磁波，其中只有一种是可见光范围内的，其余的都是紫外线或者极紫外线波段是肉眼看不到的。在它拍摄到的照片中，科学家人为地那些不同波长的成分制定上了颜色，比如紫色、蓝色或绿色

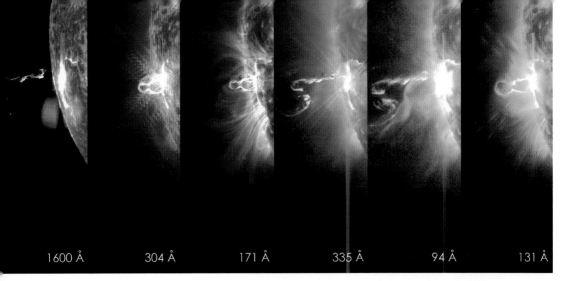

| 1600 Å | 304 Å | 171 Å | 335 Å | 94 Å | 131 Å |

所以，它拍摄的照片与我们所看见的太阳大相径庭，甚至有些光怪陆离。

SDO 每 6 秒拍摄 4 张照片，每天共拍摄 57600 张。下面就让我们欣赏一下从 SDO 拍摄的最震撼、最经典的照片吧，人类此前还从来没有如此细致地看到过太阳表面的活动。

看得见的磁场

磁场本来应该是看不见摸不着的，不过在太阳表面，等离子体却能清楚地把磁场的形状展示出来。在高温下，原子上的电子被剥离下来，形成由带电的原子核和电子组成的等离子体。当处于磁场中时，那些带电粒子就会沿着磁场中磁感线的方向运动，所以说，照片上的圆环体现的就是磁场的样子。

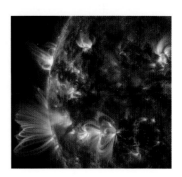

环形结构的日冕等离子体，这个环从太阳上延伸出的高度相当于把 15 个地球摞起来

太阳上的低温区

科学家观测太阳时，通常最先看到的就是太阳黑子，天文学家很早就已经注意到这些黑色的斑点了。太阳黑子出现在光球层，之所以看上去是一个黑点，是因为该处的温度"只有"3500~4500 摄氏度，比太阳光球层的正常温度（大约为5500 摄氏度）低了不少。在这张 SDO 的照片中，黑子在 48 小时内由无到有，生长到了直径相当于地球直径 6 倍的程度。

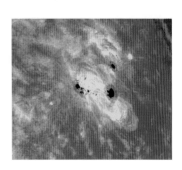

黑子是太阳活动最显眼的特征

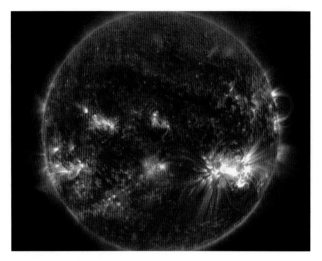

在照片中太阳的右下区域，明亮的耀斑正处于其巅峰期

从太阳表面抛出来的巨大日珥

这是一张日冕物质抛射照片，由 SDO 拍摄的太阳本体和"索贺"太阳与日球层探测器拍摄的抛射物质叠加起来得到的

3. 明亮的耀斑

太阳上也会出现突出的亮斑。有趣的是，这些耀斑往往与黑子相伴出现。耀斑出现时不但可见光的亮度增加了，也会发出强烈的紫外线和射线辐射。耀斑的能量也来自于太阳的磁场。

4. 太阳长耳朵了

日食时，我们用肉眼就能看到从太阳边缘伸出的凸起，这就是日珥。在 SDO 的照片中，这种现象更加醒目。关于到底是什么物质从太阳表面喷发出来的问题，科学界一直存在着较大的争议。但我们知道，它肯定与磁场的活动有关，在日珥抛射出的物质下面，隐藏着看不见的磁场。

5. 喷火的太阳

太阳的表面向外喷射出"火龙"的其中之一活动，就是日冕物质抛射。在磁场的驱动下，太阳把日冕中的物质高速抛出，形成一场可以席卷星际空间的粒子风暴。如果日冕物质抛射是朝向地球方向的，那么这场风暴也会在数天内抵达地球，给地球的磁场带来强烈的扰动，制造出美丽的极光。

太阳开了个大洞！

请看右图，这真的是太阳上的一个大洞吗？在某种程度上可以说"是"。我们看到的绝大部分的日冕——那些明亮区域的磁场是闭合的。在这些区域磁场弯曲并折回太阳表面，磁场环是闭合状的，闭合的磁场内束缚了较多的等离子体，因此看上去熠熠发光。但是，在某种条件下，有相当大区域的磁场可以变成开放状的，等离子体就沿着这里的磁场流向了外部的行星空间。物质的流失使这块区域看起来很黑，就像一个洞。

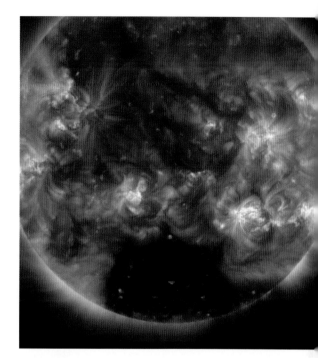

在极紫外波段，可以看出磁场敞开使得太阳表面出现了一个临时的空洞

太阳图像的地球版

为什么这个太阳是蓝色、黄色和棕色呢？右下图的照片中的太阳的颜色看起来与地球类似，它当然不是太阳真实的颜色，而是研究人员在处理图像时，把不同波长的照片图像叠加在一起可以获得的合成图像。他们给那些肉眼不可见的光指定了一种颜色。可能发生耀斑的活跃区域温度较高，它是白色的；温度较低的区域看起来有些发黄棕；蓝色区域的温度最低。这样的图像也叫"伪色图"。

太阳活动是存在周期的，有时活跃，有时则比较沉默。大概每过 11 年，太阳活动就会迎来一个高峰期。这是因为太阳的磁场要周期性地重新排列，而磁场就是太阳活动的驱动力。在太阳活动的极大期，太阳会出现更多的黑子、耀斑和日冕物质抛射。

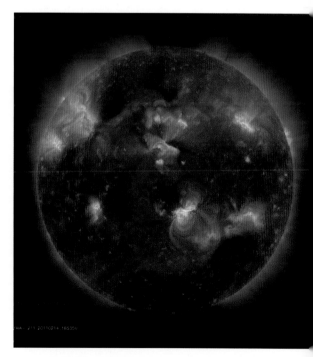

这是多波段照片叠加起来得到的太阳照片

What's the Weather in Space Like?

今天的太空天气怎么样

1989 年 3 月 13 日，一场来势凶猛的风暴袭击了加拿大魁北克地区，严重破坏了当地的供电网络。结果导致 60 万人在寒冷的冬夜中陷入了电力中断的混乱。断电持续了 9 个小时。学校停课，企业停工，蒙特利尔地铁和机场关闭，一大早通勤的乘客挤满了交通灯瘫痪的黑暗街道……

与肆虐于沿海地区的飓风不同的是，这场风暴的到来无声无息，它是来自太阳的空间风暴。就在这场风暴发生的两天前的 3 月 11 日，美国基特峰天文台的天文学家发现太阳上出现了巨大的耀斑。正是这个耀斑和伴随而来的日冕物质抛射，制造出了这场风暴。太阳抛出了一大团以 16

太阳抛出的粒子和辐射决定了地球周围的空间天气状况

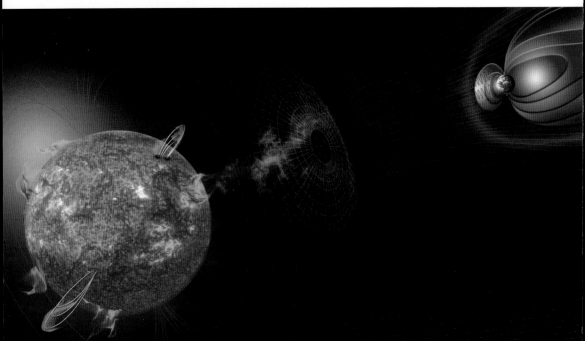

千米每小时的速度向地球扑来的带电粒子。带电粒子抵达地球后，给地球磁场带来了巨大的冲击，制造出了在美国加利福尼亚州和古巴都能看到的壮丽极光，同时也导致了北克地区的大规模停电。

地球上的风暴是一种天气现象，科学家也用太空天气（又称"空间天气"）来描述太阳风暴和相关的现象。靠近地球的太空环境条件，比如粒子辐射、磁场偏移以及无线电波、和 X 射线的种类和强度加起来，就是空间天气状况。太空天气变化主要源于太阳，一般是指一切太阳活动，包括太阳黑子和太阳耀斑等现象以及这些现象给地球带来的影响。

空间天气对地球的影响可以是非常显著的。不但有可能坏电网，也可能严重干扰无线通信。对于在太空中工作的星和宇航员来说，空间天气的异动更可能带来严重威胁。以说，研究太空天气和研究地球上的天气一样重要！

不安分的太阳

人类很早就注意到了太阳黑子。据说早在公元前 364，中国春秋时期齐国人甘德编写的星表中就记录了这种象。而在《汉书》的《五行志》中，对黑子的描述就更楚了："河平元年，三月乙未，日出黄，有黑气大如钱，日中央。"在西方，从古希腊时期开始也有诸多有关太黑子的记载。不过，最初人们普遍以为黑子是行星跑到太阳前面，直到伽利略认识到黑子其实就出现在太阳上，种误解才被昭示。

现在我们知道，黑子并不是真的黑色，它只是太阳光层中温度比周围低的区域。黑子是太阳活动最显著的标。黑子有一个有趣的特点，它们总是成对的出现。黑子量多，意味着太阳活动比较活跃。太阳活动周期也称为阳黑子周期，是太阳黑子数及其他现象的准周期变化，

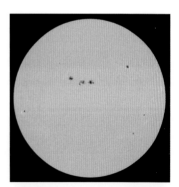

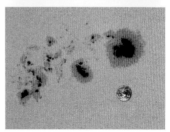

太阳上经常有成对出现的黑色斑点，那就是黑子

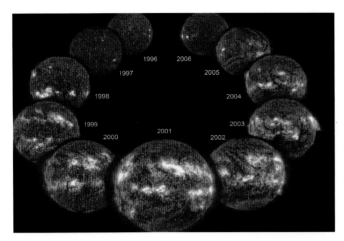

太阳活动是有周期性的，每过11年迎来一次活动高峰

耀斑会释放出巨大的能量，制造出比平时更亮的亮斑

日冕物质抛射看起来像是从太阳延伸出来的火舌

大约11年为一个周期。在太阳黑子数达到极大的那一年（太阳活动峰年），会有大量黑子集中在太阳纬度±30°附近。随着周期的变化，太阳黑子逐渐向赤道区移动，黑子活动逐渐减弱，直到黑子数达到极小（太阳活动谷年）那就意味着在太阳活动峰年里，太阳最为活跃，而且也比太阳活动周期的其他阶段更加危险。

在黑子附近往往也会出现亮度比周围更加突出的耀斑，耀斑是光球层和色球层交界处突然有大量能量释放出来的结果。除了更加明亮的可见光之外，耀斑也会发出其他波段的强烈电磁辐射，例如无线电波和X射线等。另外伴随着强大的电磁辐射的还有高能的带电粒子。

耀斑的出现往往伴随着日冕物质抛射，这是席卷地球的空间风暴的元凶。日冕物质抛射发生时，在几分钟至几小时内，太阳会把几十亿到几百亿吨的日冕物质以每秒几十千米至每秒1000多千米的速度向外剧烈抛出。抛射出的物质若对着地球方向，就会给地球带来空间风暴。

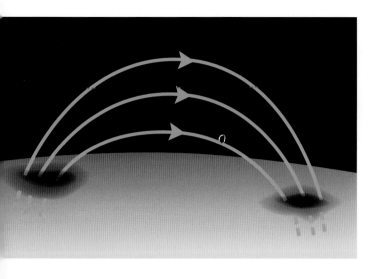

磁场探出太阳表面的地方
就形成了黑子

一切的幕后都是磁场

到底是什么力量在搅动着太阳，让它这么不安分呢？然具体的机制还存在许多疑问，但科学家已经知道，驱太阳活动的力量就是太阳的磁场。

虽然太阳主要是由一种元素——氢组成，但是它的行极其复杂。我们常听说太阳就是一大团炽热的气体，其准确地说不是气体，而是等离子体。科学家告诉我们，气体的温度不断升高时，构成分子的原子发生分裂形成立的原子；如果温度继续升高，原子中的电子就会远离去，形成带正电荷的原子核和带负电荷的电子，这也是子化的过程。离子化后性质已经不同于普通的气体了，以把它视为是除固态、液态、气态三态外的第四态——离子态。太阳就是由这样的等离子物质组成的。

等离子物质的一个突出特点就是可以导电。太阳中的离子体的运动制造出了强大的磁场。磁场反过来会和等子体中的带电粒子会发生强烈的相互作用。

我们脚下的大地是固态的，所以，当地球每一天在自的时候，它表面上的每一点也都在跟着旋转。然而太阳是固体，在太阳赤道处的等离子体的旋转速度比在两极

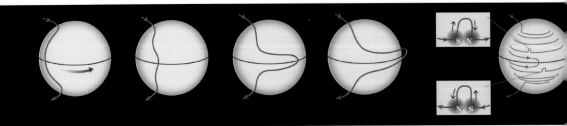

太阳等离子体旋转速度不一样，使得磁场缠绕了起来。被扭曲拉伸的磁场也会发生断裂

处的等离子体的旋转速度要快。而在与等离子体的相互作用下，太阳的磁场就仿佛被固定在了等离子体中，会与之一起运动。等离子体的旋转速度不同会扭曲拉伸南北走向的磁场，让磁场像橡皮筋一缠绕起来。磁场缠绕起来后，有些地方磁场强度就会变强，比平均水平增强了几百倍、几千倍，从而突出了太阳表面，成为"活跃区"。伸出太阳表面的超强磁场抑制了等离子体的对流，形成了温度低的区域，也就是太阳黑子。

就像拉伸的橡皮筋迟早会被崩断一样，被扭曲拉伸的磁场也会发生断裂。拉伸到极限的磁场会突然断裂，然后再重新合并成环路，在这个过程中磁场中存储的能量突然在瞬间被释放出来，就像高压电发生短路一样，从而形成了太阳耀斑。不过，这种情况具体是如何发生的，至今仍然是科学家们研究的主要课题。磁场束缚的等离子体在磁场断裂时被抛出来，形成了日冕物质抛射，等离子体云从日冕喷向太空，形成了空间风暴。

太阳磁场拉伸断裂，释放出巨大的能量并抛出了一团日冕物质

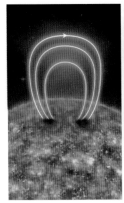
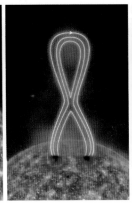
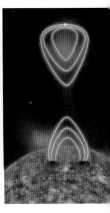

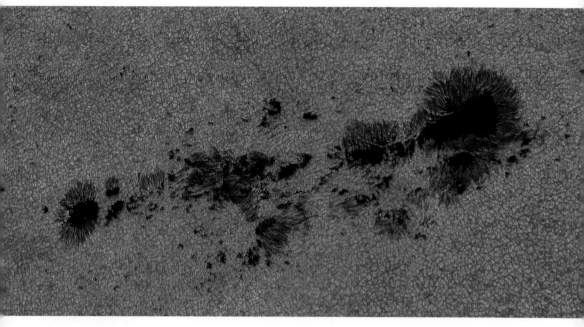

近年来最大的太阳黑子区域

天气的坏脾气

今天的社会越来越依赖通信和其他高科技技术，而这
高科技手段都处于由太阳活动造成的极端太空天气所引
的高风险中。

耀斑等太阳活动发出的高能电磁辐射，如 X 射线和 γ
线只需 8 分钟就能到达地球，快速而猛烈；高能量带电
子紧随其后。辐射会对宇航员和航空乘客造成很大的危
，带电粒子可以使卫星的电路发生短路。有时候可能宇
员可能只能在短短的几分钟内，在飞行器中屏蔽最强的
方找到藏身之处。

当巨大的日冕物质从太阳的日冕层抛射出来并抵达地
时，就会产生地磁暴。日冕物质会扰乱地球磁场，造成
光现象，会干扰无线电通信，让卫星定位失准。地磁场
剧烈变化会在电网和天然气管道形成感应电流，破坏电
或导致火灾。日冕物质抛射产生的质子还可以破坏卫星，
使宇航员接触过量的辐射而遭受潜在危险。

51

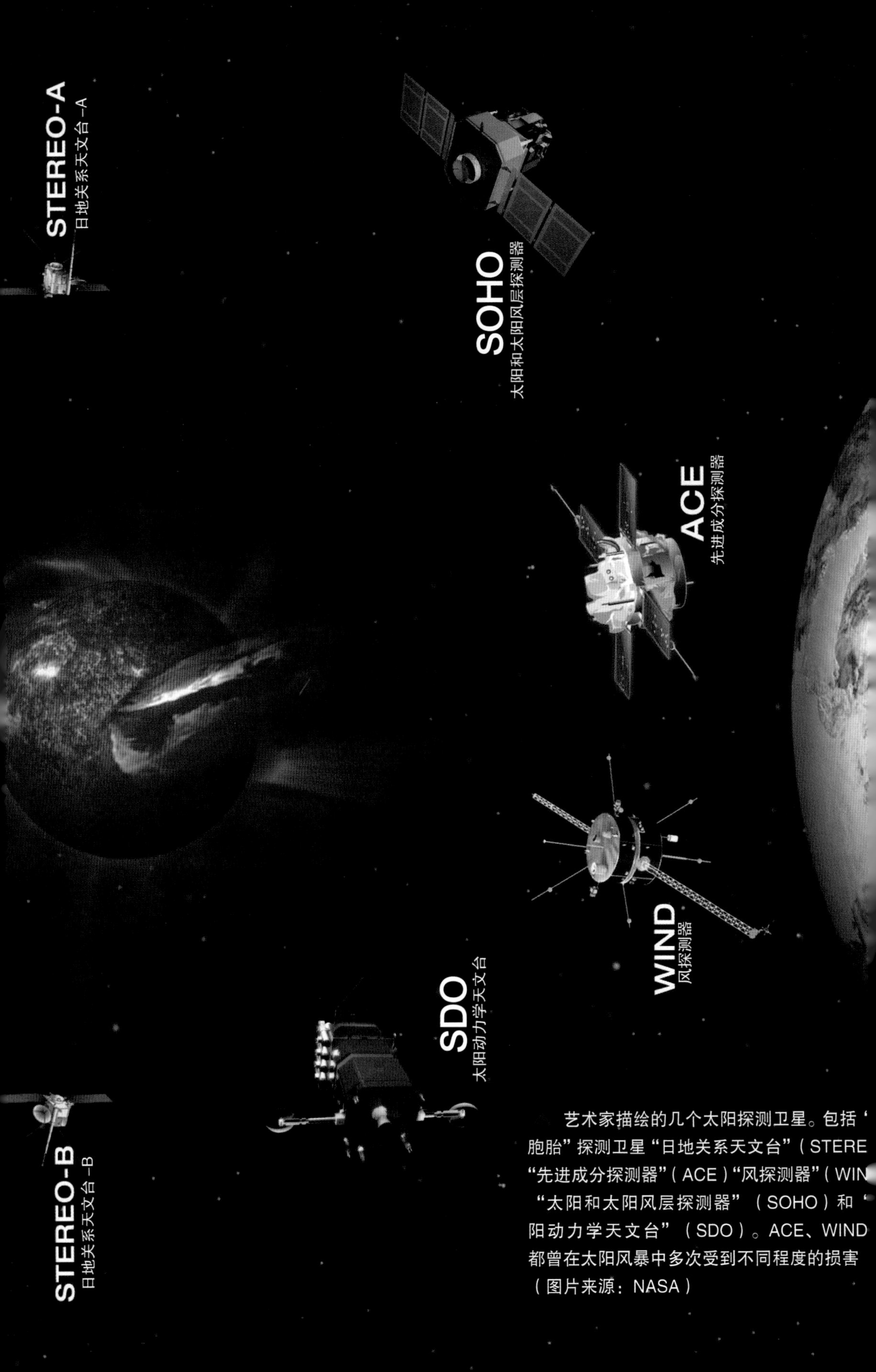

STEREO-A
日地关系天文台 -A

SOHO
太阳和太阳风层探测器

ACE
先进成分探测器

WIND
风探测器

SDO
太阳动力学天文台

STEREO-B
日地关系天文台 -B

艺术家描绘的几个太阳探测卫星。包括"
胞胎"探测卫星"日地关系天文台"（STERE
"先进成分探测器"（ACE）"风探测器"（WIN
"太阳和太阳风层探测器"（SOHO）和"
阳动力学天文台"（SDO）。ACE、WIND
都曾在太阳风暴中多次受到不同程度的损害
（图片来源：NASA）

空间天气预报

要预报空间天气，首先就要研究清楚太阳的活动。而仅仅从地球上观测是很困难的。太空才是观测太阳的好地方。由美国国家海洋和大气管理局发射的地球同步气象卫星，就担当着观测太阳耀斑发生时间的重任；太阳动力观测卫星（SDO）是专门用来观测和研究太空天气的；欧洲航天局及美国国家航空航天局共同研制的"索贺"一号（SOHO）对太阳进行全方位的、连续的观测。如果将日地关系观测台卫星和SDO并用，可以观测到几乎整个太阳。另外，美国的拉马第高能太阳光谱成像仪探测器和日本"日出"航天器通过观测 γ 射线、X 射线、极紫外线和可见光，可以使我们更好地了解太阳的活动。

有了卫星做"侦察兵"，就能在强大的日冕物质抛射造出的风暴侵袭地球前做出预警。因为危害最大的高能质子需要一两天的时间才能抵达地球，在这之前，速度更快但危害较小的电子已经抵达探测器，使得探测器发现风暴将至。这样，我们就有数小时的准备时间，可以提前让卫星系统暂时关闭，宇航员也可以返回飞船内。人们还正在尝试保护电网的措施，至少要避免像 1989 年 3 月加拿大魁北克地区那样大规模灾难的再次发生。

不过，太阳活动产生的高能电磁辐射和光是同时抵达地球的，要防御这些威胁，事后的预警是没用的，必须能真正预测太阳何时会出现耀斑等活动。这就需要对太阳活动的内在机理有更深刻的认识了。幸运的是，科学家在这方面已经取得了显著的进展。

现在，美国国家海洋和大气管理局空间天气预报中心的科学家已经有办法提前两三天就能预报耀斑的出现，并预测其强度。

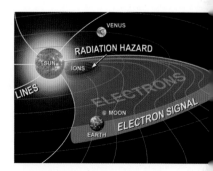

探测器可以在太阳抛出的高能离子抵达地球前进行预警

Sailing on Sun Shine
御光而行

一根 100 英里（1 英里约为 1.609 千米）长的缆绳把
封舱和 5000 万平方英尺的帆连接起来。把所有曾航行于
中国海做茶叶生意的船只的桅帆缝在一起，连成一片，
不能和"戴安娜"号挂的那张巨帆相媲美。但是这张帆
肥皂泡一样，只有非常薄的一层。2 平方英里的镀铝塑
只有几百万分之一英寸（1 英寸约为 2.54 厘米）厚。

"还有 10 秒钟，所有摄像机准备。"

如此庞然大物，却薄如蝉翼。更令人难以置信的是

翱翔在太空中的"纳米
帆 –D"

个薄薄的表面只要一吸收太阳能就轻而易举地将"戴安娜"号带离地球。

"……5、4、3、2、1，放！"

"7把刀割断了7根连接小艇和太空船的绳子。这时，像被风吹散的蒲公英种子一样，原先井然有序地绕地球飞行的小艇开始分散开来。"

上面描述的场景来自亚瑟·查理斯·克拉克在1963年出版的短篇科幻小说《太阳帆船》（*Sunjammer*）。在这本小说中，人们正驾驶着太阳帆船进行着从地球到月球的竞速比赛。而作者想象出这个场景的，今天正在逐步变成科学事实。

2005年，美国和俄罗斯合作制造了第一个太阳帆飞行器，但在发射升空时运载火箭发生事故，没能成功进入太空。2010年，日本发射了"伊卡洛斯"号实验太阳帆。"伊卡洛斯"号成功地在太空中展开了面积100平方米的方形帆，并从阳光中获得了加速度，飞向了金星。同年，美国国家航空航天局（NASA）的太阳帆"纳米帆–D"也成功上天了。

"纳米帆–D"是一颗空间探测卫星，它是首个绕地球运行的太阳帆飞行器。"纳米帆–D"薄薄的帆面由聚合物发光材料制成，靠微小而持续的太阳光压作为推动力，在距离地球表面650千米的轨道上运行。

"纳米帆–D"是马歇尔航天中心和同属于NASA的艾姆斯研究中心合作进行的一个太阳帆项目。"太阳光将是未来的火箭燃料吗？"这个项目的首席研究员、空间航空学家迪恩·艾尔宏（Dean Alhorn）说，"这绝对有可能！""被太阳光照射的帆就如同承受着数以亿计的微小碰撞。"

用太阳打乒乓球

从太阳或其他光源发出的光，可以被看作是由很多叫"光子"的电磁能量包组成。尽管在通常概念中，光子

关于动量

动量（p）等于质量 m 乘以速度 v 。

$$p=mv$$

如撞击货车的球越多，货车获得的速度就越快。

如果球从货车上反弹回来，球的速度改变得更大，向货车转移的动量就更多了。

假设途中球与货车发生的是弹性碰撞，根据动量守恒，可知：

（1）若碰撞后球停止，则货车获得的动量：$p_1=mv$

（2）若碰撞后球以相同的速度大小反弹，$v_1=v$ ，则货车获得的动量：$p_2=2mv$

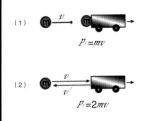

完全展开后，"Sunjammer"太阳帆的金属铝外层显露出来

没有质量，但爱因斯坦认为光子有动量，也就是说光子能推动自己撞到的东西。

"想象一下你正在朝一辆玩具车扔乒乓球，"艾尔宏说"每次乒乓球撞到玩具车上，都会将自己的动量传递给小车，推动它前进。光子就像乒乓球一样，它们撞到太阳帆上，把自己的动量传递给太阳帆。"但是，一个光子对航天器的推动作用太微弱了，所以太阳帆必须要足够大，能够捕捉足够多的光子。"纳米帆–D"的太阳帆完全展开后面积大约为 9 平方米，和一间小房子的地板差不多大。未来的太阳帆展开后可能比一个足球场还要大。

太阳帆必须要能反光，就像镜子那样。"这也和动量有关，"艾尔宏说，"如果光子被反射（撞到太阳帆后又被反弹回去）的话，能够给航天器更多的推动力。"为使光子的推动更有效率，整个航天器还必须要尽可能轻。"纳米帆–D"就采用了一种叫作 CP1 的材料。"它是一种类似食品保鲜膜的聚合物，外面涂有一层反光材料——金属铝。"艾尔宏说。这张太阳帆的厚度只有 2.5 微米，相当于头发丝直径的 1/40。这个航天器，包括它上面的电子设备，加起

来也只有 4 千克！在 "纳米帆 –D" 的运行轨道上，空气非常稀薄，引力特别小，所以用这么薄的材料是可以的。

和面包大小差不多

怎样将一个极薄的只有 9 平方米大小的卫星送入指定轨道呢？

艾尔宏说："首先要把'纳米帆 –D'折叠起来。折叠后的'纳米帆 –D'的长、宽、高分别是 35 厘米、10 厘米和 10 厘米，和一块方形面包差不多大。这块'面包'先被装载到名为 FASTSAT(注: FASTSAT 也是一颗卫星)的'太空大巴'上，再由 FASTSAT 将它释放到指定的轨道。"

2010 年 11 月 19 日，美国东部时间 20 时 25 分，"MinotaurIV" 号运载火箭搭载 FASTSAT 卫星在阿拉斯加的科迪亚克岛发射升空。2011 年 1 月 17 日，"纳米帆 –D" 从 FASTSAT 上弹了出去。3 天后，经内部自带的计时器被激活，"纳米帆 –D"的 4 根极细的金属帆脚杆弹开，太阳帆也随之逐渐展开。最后，"纳米帆 –D"真正打开了它的太阳帆！（见过那种弹开的帐篷吗？不过太阳帆比它要复杂得多。）艾尔宏解释说，正确折叠太阳帆非常重要，否则它有可能无法顺利展开，"因为太阳帆太薄了，折叠层之间的任何一小股空气都能将它撕扯成碎片"。

当 "纳米帆 –D" 在轨道上成功展开后，那就成了个历史性的时刻，并且为以后部署天线和其他小型的太空装置提供了参考数据。

但是，这仅仅是开始。调整太阳帆的方向，既可以让阳光提供动力，也可以提供阻力。"纳米帆 –D"除了试验太阳帆装置外，还有个任务就是测试利用太阳帆清除太空垃圾的可行性。"在未来，可以把太阳帆变成阻力伞，缓缓改变卫星的轨道，把废弃卫星送进大气层。" 艾尔宏这样设想着。

　　"纳米帆 –D"在环绕地球运转 270 天后，成功按照科学家的设想逐渐减速而降低轨道，并在 2011 年 9 月 17 进入大气层烧毁，从而成功完成了最后一项实验任务。

太空中的"任我行"

　　未来成功的日光飞行还需要优秀的"定位向导"，通过改变太阳帆朝向太阳的角度来控制飞行器，就像一个水手通过调整船帆的角度以使它灌满风一样，这样就可以在太空中自由翱翔了。传统卫星绕着地球运转，而且必须依赖自身携带的燃料才能改变运行的轨道。如果卫星变轨次数多了，它携带的燃料就会耗尽。然而，太阳帆将不存在这种限制。"假如你想监测地球上某个位置的情况，"艾尔宏说，"通过操控太阳帆，你可以把它定位到那个位置。当对这个位置的监测完成后，你又可以把它移动到另一个位置……所有这些只需要借助太阳的力量。太阳帆还可以静止在地球和月球（或者其他行星）之间的某个位置。"

　　或许有一天，太阳帆卫星还可能被用于深空探索。太阳帆跟传统火箭相比，相当于在进行"龟兔赛跑"。传统火箭在发射后不久就会达到很高的速度，而后以恒定的速度飞向目的地。相比之下，太阳帆的启动比较慢（由于开始时阳光的推力很小），但是随着时间的推移，太阳帆每秒都在加速。时间足够的话，太阳帆将会达到惊人的速度。"使用传统技术的'旅行者'号飞船，需要 30 年的时间才能穿越太阳系，"艾尔宏说，"而太阳帆可能只需要 10 年。这意味着在长距离的赛跑中，'乌龟'可以胜过'兔子'。飞行得越远，传统火箭需要携带的燃料就越多，而太阳帆根本不需要这些——既轻便又省钱！

美国国家航空航天大局曾计划在 2014 年底、2015 年初再发射一个太阳帆。新太阳帆的名字取自前面提到的科幻小说的名字"Sunjammer"。这个矩形的太阳帆个头比"纳米帆 –D"大很多，长边有 38 米长，面积达到了大约 1200平方米，重量仅有 32 千克，叠起来可以塞进一个洗碗机里。科学家希望利用它测试太阳帆的稳定能力，还有对飞行方向的控制能力。

不过，到了 2014 年，美国国家航空航天局在对耗资超过 2100 万美元的"Sunjammer"太阳帆项目进行了四年的监察后，出于对承包商履行合同缺乏信心的考虑，决定放弃。

而 2015 年发射的"光帆"(LightSail)弥补了"sunjammer"的遗憾，"光帆"由全球性非盈利太空探索组织"行星学会"开发。其实验机"光帆 –A"已于 2015 年 5 月 20 发射进入太空，"光帆 1、2、3"将于 2016 起陆续发射。

"光帆"由四个三角形帆结合形成一个矩形，虽然只有2 平方米面积，但它所推动的卫星，带有摄像机，传感器和控制系统，用于测试太阳帆成为航天器动力系统的可能。

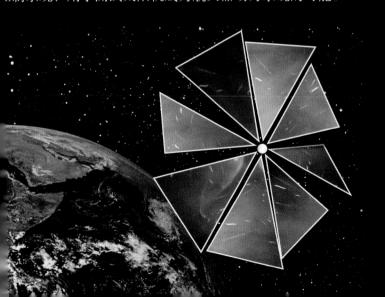

艺术家描绘的利用太阳帆的宇宙 1 型飞船

Monitor Sun with Mobile Phone
用手机监测太阳

天气应用几乎是我们的手机必装的应用。有了这类软件，我们可以随时随地查看天气预报，也可以收到提醒天气变化的推送消息。地球也时常沐浴在来自太阳的粒子"雨"中，想要提前知道空间天气如何吗？也有一款应用可以满足你，这就是美国国家航空航天局制作的"3D 太阳"。当太阳发起的风暴向地球扑来时，它会发出警报。你也可以用它来查看太阳的实时三维图像。

　　"3D 太阳"的数据来自于美国国家航空航天局的"日地关系观测台"。这是两个负责监视太阳活动的空间探测器，在地球围绕太阳的轨道上一前一后地随着地球运转。两

美国国家航空和航天局的双卫星"日地关系观测台"（Solar Terrestrial Relations Observatory STEREO）

探测器就好像是人的两个眼睛，从两个角度进行观察，可以得到几乎覆盖太阳全貌的三维图像。

怎么样，对这个应用有兴趣吗？这个应用既有苹果iOS版，也有Android版。你可以在苹果应用商店中搜索"3DSun"找到它，也可以在Google play或其他Android应用商店找到它。"3D太阳"是完全免费的，你可以放心下载。

下载安装后，来看看"3D太阳"都有哪些功能吧！打开菜单栏，可以看到共有六个按钮：新闻（NEWS）、太阳（SUN）、美术馆（GALLERY）、状态（CONDITION）、帮助（HELP）和更多。

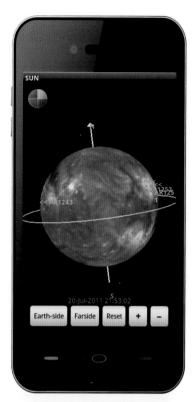

"新闻"按钮点击进入显示的就是每天更新的有关太阳活动的最新消息，点击任何一条消息都可以查看详细内容。这些新闻一般都配有图片，有的还有视频。有关极光的消息是更新最频繁的。当太阳风暴影响到地球磁场时，这种壮观的景象就会出现在地球的南极或北极的夜空。你不一定非要住在北极圈附近才能看到极光。如果磁暴极为强烈，在纬度较低的中国东北和内蒙古地区也能看到。

点击"太阳"按钮就会看到太阳的实时三维图像，用手指在屏幕上点击或滑动，"太阳"可以随之旋转、放大或缩小。标注着"AR"加上4位数字的区域就是"太阳黑子"。"太阳"上有一条黑色条纹，这是因为两个探测器虽然可以观测到绝大部分的太阳表面，但还是漏了一点点。

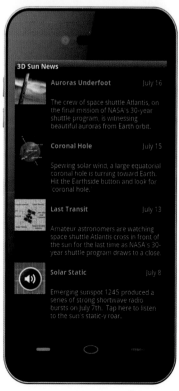

另外，你会注意到这里看到的"太阳"是绿色的。这是因为日地关系观测台拍摄的是极紫外线而非可见光，为了看起来方便，科学家在制作图像的时候选择用绿色来表示这种辐射。这是"伪色图"，并非太阳真正的颜色。

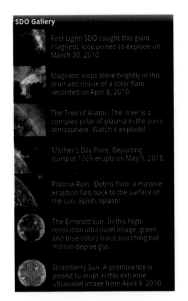

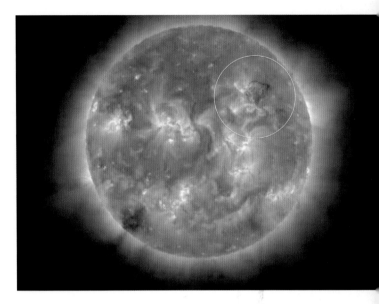

STEREO 拍摄到的美丽的
"绿太阳"和上面的暗丝

软件中"太阳"是一直在自转的，这是为了显示太阳全貌，真正的太阳确实自转，但绝对没有那么快。

"美术馆"中是太阳的漂亮图片和视频，其中一些是由太阳动力学观测卫星（SDO）提供的。放大这些图片，或打开一段视频，日珥的爆发、磁场回路的运动，还有太阳耀斑冲进太空的景象等，都将进入你的眼帘。

点击"状态"按钮，就能了解太阳当前的状况。最上方是对太阳当前活动状况的描述，如耀斑和日冕物质抛射等。最下方则是一些太阳的数据，如黑子的数量，太阳风的速度。关于"行星 K 指数"（KP）可能是最有趣的数据了，它用数字 1 ~ 5 显示地球磁场受到干扰的程度：1 级说明世界很平静，而 5 级则表示发生了磁暴！

不确定什么叫"日冕物质抛射"或"耀斑"吗？点击"帮助"按钮，那里为你提供了很多科学术语的定义和解释。

想在太阳活动时准时接到预报吗？那么，在你首次打开应用的时候，会提示你是否接收推送消息，选择"是"的话，当太阳耀斑、磁暴或其他重大太阳活动发生时，你的设备就会发出预警提示了。

第4章

日食

宇宙间万事万物都是迂回曲折，从来不走直线。

——爱默生

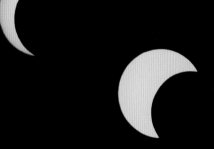

When Sun Hid behind Moon
当太阳藏在月亮身后时

2012 年日环食，"日出"
太阳卫星拍下的照片

　　在神话故事中，为人类带来光和热的太阳从事的可以
高危工作。在北欧神话中，一条名叫斯库尔的恶狼一直追
逐着太阳，伺机要把它吞下去。在中国神话中，也有"天
狗食日"的说法。而当恶狼或天狗得手的时候，太阳逐渐
隐去，大地陷入黑暗，日食就发生了。不过还好，太阳每
次都能"狼"口逃生，继续照亮世界。

现在人们已经明白了日食的真相，当太阳、月球（又称月亮）、地球正好排成一条直线或接近一条直线，月球挡住了太阳射向地球的光线，这时就会发生日食现象。现在，当发生日食，人们都会竞相观看这种自然的奇观。而日全食更是吸引许多人们远赴外地甚至出国来追逐观看。

日全食和日环食

我们之所以能看到日全食，还要感谢一个有趣的巧合。太阳的直径是月球的 400 倍，而地球与太阳的距离也是地球与月球距离的 400 倍，因此月球和太阳在天空中看起来

日环食时月球不能完全遮挡住太阳，留下了一圈圆环

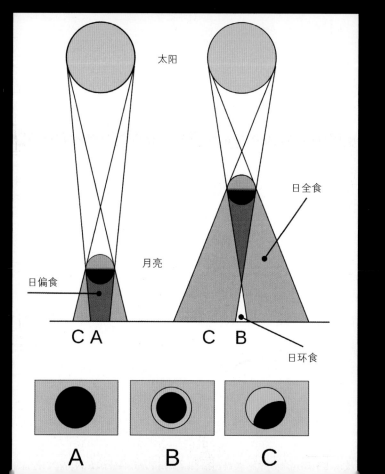

月球在近地点时可以完全遮住太阳，制造出日全食；当月球在远日点的时候，只能出现日环食

日全食时太阳将被月球遮住时会在黑色月影的边缘出现灿烂夺目的"贝利珠"

正好大小差不多。所以当太阳、月球、地球正好排在一条直线上时，月球就有机会把太阳完全遮住，让人们看到日全食。

不过，月球到地球的距离不是始终如一的，当月球在远地点的时候，看上去就比太阳小一点儿；当月球在近地点的时候，看起来又比太阳大一点儿。只有当月球处于近地点的时候才能完全遮住太阳，发生日全食。而即使发生日全食，月球的本影（太阳完全被遮住的）也只能覆盖地球上较小的一块区域。也就是只有很小的一个区域才能看到日全食，而在月球的半影（部分太阳被遮住）中的人们只能看到日偏食。日食在远日点发生时，月球不能完全遮住太阳，日食发生时太阳边缘的光仍然可见，形成一个环绕在月球阴影周围的亮环，这种现象就是日环食。

因为日食发生时，能看到日全食的区域非常狭小，所以对于地球上某个地点，平均来说要二三百年才能看到一次日全食。对于平生不出远门的人来说，一辈子也没见过日全食是很正常的。所以人们才会漂洋过海去观看日全食。例如2012年11月澳大利亚发生的日全食，就吸引了来自全球各地的游客，"日食旅游团"火热一时。

日食要看些什么

日食，特别是日全食，又有哪些看点呢？以日全食为例，在地球上，月球本影里的人们开始会看到阳光逐渐减弱，太阳面被圆的黑影遮住，天色转暗。当太阳将要被月亮完全挡住时，在日面的东边缘会突然出现像钻石般闪耀的光芒，这就是钻石环（Diamond Ring），同时在瞬间形成一串夺目的珍珠般的亮点，这串亮点称为"贝利珠"（Baily Beads，英国天文学家贝利最早描述了这种现象）。"贝利珠"出现的时间很短，通常只有一两秒钟，紧接着太阳光全

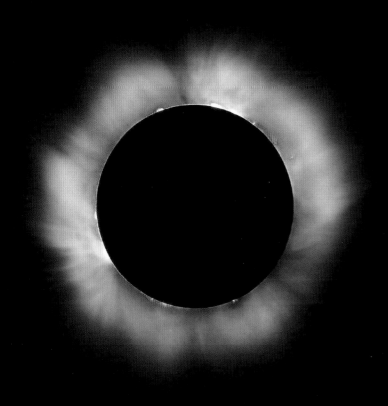

图中淡红色的光辉是太阳
的色球层；银白色的光芒是日冕

遮挡，日全食就发生了。

　　而在太阳完全被遮住时，在黑色的月轮周围会呈现出
圈美丽的、淡红色的光辉，这就是太阳的色球层；在色
层的外面还弥漫着一片银白色或淡蓝色的光芒，这就是
阳外层的大气——日冕；在淡红色色球的某些地区，还
以看到一些向上喷发的像火焰似的云雾，这就是日珥。
球继续东移，当月面的西边缘和日面的西边缘相内切的
间，称为"生光"。在"生光"即将发生之前，"钻石环""贝
珠"的现象会再次出现，不过是出现在太阳的西边缘。
着在太阳西边缘又射出一线刺眼的光芒，原来在日全食
可以看到的色球层、日珥、日冕等现象迅即隐没在阳光
中，星星也消失了，阳光重新普照大地。

　　对于天文学家来说，日食也是个不错的机会。日全食

时，月亮挡住了太阳的光球，科学家可以利用这个时机观测平时必须通过特殊手段才能看到的色球和日冕。例如在 1868 年 8 月 18 日的日全食观测中，法国的天文学家桑拍摄了日冕的光谱，发现了一种新的元素"氦"。利用日食，也可以观测隐藏在太阳强光中的水星。1919 年，英国天文学家爱丁顿就远赴南非借助日全食的机会观测水星，验证爱因斯坦的广义相对论。

身边的日食

中国境内能看到的最近一次日食出现在 2012 年 5 月 20 日，当时中国境内的广西东南部、广东大部、香港、澳门、福建大部、台湾东北部的人们都看到了日环食，而北方地区则能看到日偏食全程。这次日环食是从中国东南部地区开始，途经日本和太平洋大部分地区，到达美国加利福

2021 年到 2040 年的日食，如图所示，2035 年，包括北京在内的中国北部地区可以看到一次日全食

2033 Mar 30	2039 Jun 21		2026 Aug 12	
2021 Jun 10				2021 Jun 10
			2030 Jun 01	
		2027 Aug 02		2035 Sep 02
2024 Apr 08		2036 Jul 02		2023 Apr 20
2031 Nov 14	2023 Oct 14	2034 Mar 20		
	2028 Jan 26	2038 Jan 05	2031 May 21	2028 Jul 22
				2037 Jul 13
2034 Sep 12				2038 Dec 26
2035 Mar 09	2024 Oct 02	2027 Feb 06		2035 Mar 09
2038 Dec 26		2030 Nov 25		
2039 Dec 15		2032 May 09		
			2026 Feb 17	
		2021 Dec 04	2039 Dec 15	

全食
环食
偏食

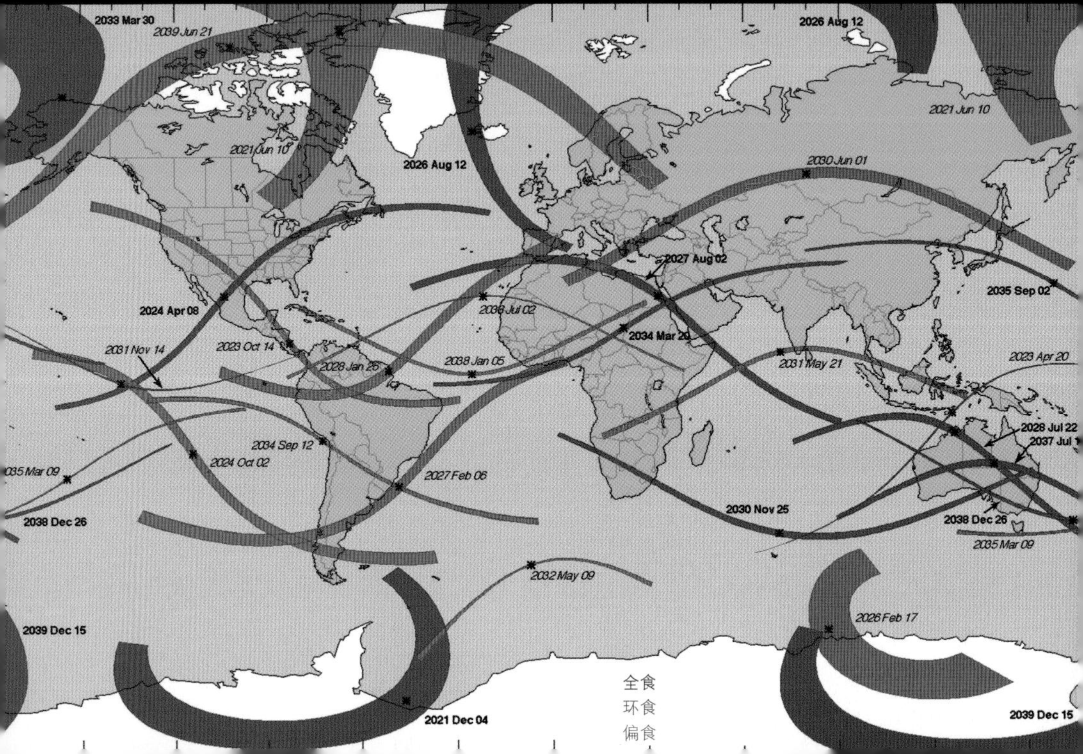

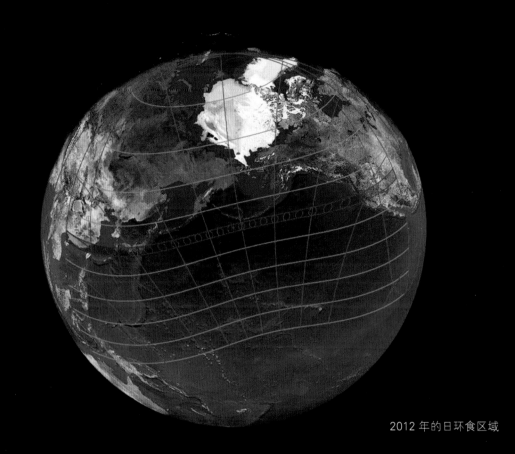

2012 年的日环食区域

州北部和华盛顿州南部的。日食发生时，地球上 320 千
宽的区域带（环食区）中的人都能看到日环食（见右侧
图），但在环食区两侧的人们只能看到日偏食。

2015 年的北极地区、2016 年的印度尼西亚都将会出现
全食。2017 年 8 月 21 日，一次日全食将从西北向东南，
俄勒冈州到南卡罗来纳州横跨整个美国，它会持续 2~2.5
钟。美国、加拿大和墨西哥境内的人都能够看到日偏食。

而中国境内可见的日全食，将会发生在 2034 年 3 月 20 日，
有新疆和西藏交界的无人地带可以看见。真正有机会在国
大部分地区看到的日全食，很可能要等到 2035 年 9 月 2 日，
时候包括北京在内的华北都可以见到日全食。如果你等不
的话，就要认真考虑一下来一次"海外日食游"了。

Venus Travels across the Sun
"穿越"太阳的金星

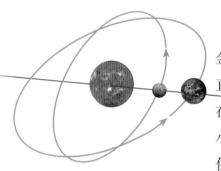

当太阳、金星和地球运行到一条直线上，在地球上就可以看到金星凌日

在太阳系中，地球轨道之内还有两颗行星，即水星和金星。某些时刻，它们会恰好运行到与太阳和地球在一条直线上,且夹在地球和太阳之间的位置,遮挡住一部分太阳。在地球上看来，行星会在太阳表面制造出一个缓缓移动的小黑点。月球遮住太阳被称为"食"，水星和金星只能遮住一点点,远不如日食那么效果明显,所以只能被称作"凌"。

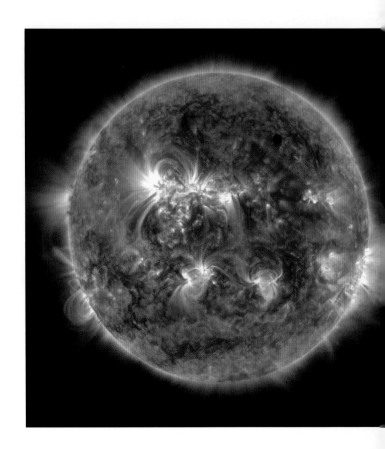

2012年金星凌日时，美国国家航空航天局的太阳动力卫星拍下的照片，太阳上的黑色圆点就是金星

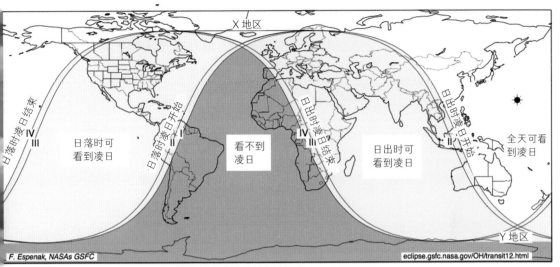

X 地区：可以看到凌日开始和结束，但在发生最大限度的凌日时太阳落下
Y 地区：看不到凌日开始和结束，但在发生最大限度的凌日时太阳升起

2012 年看到的金星凌日的
地区

而由于金星体积大，距离我们也更近，所以金星凌日远比水星凌日容易观测。最近的一次金星凌日是在 2012 年 6 月日上演的。这次金星凌日时间长达 6 小时，中国大部分地区处于最佳观测地区。金星凌日本身的观赏性并不是很强，但却是最为罕见的天文现象之一。它以两次凌日为一组，两次之间间隔为 8 年，两组之间的间隔约为 105 年。21 世纪的首次金星凌日发生在 2004 年 6 月 8 日，2012 年 6 月 6日的这次是本组的第二次。2004 年之前的最后一组金星凌日发生在 1874 年 12 月和 1882 年 12 月。而下回再发生这一天象，就要等到 2117 年 12 月 11 日了。

从金星凌日的周期可以看出，任何一个人，一生中最多可以看到两次金星凌日，少的则一次也看不到。

金星凌日观测史

人类可能早在古巴比伦时期就注意到了金星凌日现象，并用楔形文字记录在了泥板上。大约 2500 年后，阿拉伯科学家很有可能观测到了发生于公元 910 年的金星凌日。而在世界另一端的美洲，居住在今天的墨西哥的阿兹特克人也观察到了这一现象。据说，帝国皇帝蒙特苏马二世就亲眼看到了公元 1518 年的金星凌日。

伟大的天文学家约翰内斯·开普勒发现了行星运动的规律，根据自己的发现，他预测了金星凌日发生的时间。在 1629 年出版的《稀奇的 1631 年天象》一书中，他写道："1631 年 12 月 7 日将发生金星凌日。"可惜 1631 年的那次金星凌日开普勒所在的欧洲看不到。能看到金星凌日的地方远在地球另一侧的美国。这次观测机会就这样被错过了。

不久以后，一位名叫耶利米·赫洛克斯的年仅 20 岁的英国天文学家改进了开普勒的方法，预测出在 8 年后的 1639 年，还会发生一次金星凌日。1639 年 12 月 4 日，赫洛克斯和他的朋友克拉布特里用望远镜观测了 17 世纪的最后一次金星凌日，他们是世界上第一个用天文望远镜观测金星凌日的人。令他们感到惊讶的是，金星的黑色轮廓相对于巨大的日面显得如此渺小。利用这次观测，赫洛克斯

2012 年金星凌日的完整过程都被太阳动力卫星记录下来

还用简单的三角比例法估算了太阳到地球的距离，虽然他得到的数值仅有 9560 万千米，仅有真实距离的 2/3，但在当时也已经是非常不错的结果了。

丈量天文单位

金星凌日和日地距离的缘分并没有结束。1716 年，英国天文学家爱德蒙·哈雷第一个提出了利用金星凌日精确测量太阳到地球距离的方法。他建议让世界各地的人们从不同地方（从遥远的北方到遥远的南方）联合观测金星凌日天象。如果观测者能够将金星进入和离开日面的时刻精确到秒，那么他们就能够利用几何学知识计算出太阳和金星到地球的距离。太阳到地球的平均距离被称为"天文单位"，是太阳系中一把重要的量天尺。知道了天文单位的长短，天文学家就能够测算出金星和其他行星有多大、有多远。

由于金星凌日出现得并不频繁，很遗憾，哈雷本人并

利用金星凌日可以测量日地距离，原理大致如下图所示。如果知道地球上两点 A 和 B 的距离，再知道夹角 Q_1，就可以用三角方法算出金星和地球的距离。我们再利用开普勒定律，算出金星到地球的距离大约是日地距离的 0.28 倍，因此就可以算出日地距离了

问题是这个角度 Q_1 怎么测呢？从图中可见，从 A 点和 B 点看到金星穿过日面的径迹是不同的，所以凌日的时间也不同，分别为 t_1 和 t_2。测量出这一时间差，利用几何方法，就可以测出两条弦长度的差别以及相应的夹角 Q_2（$Q_2 = Q_1$）角度来

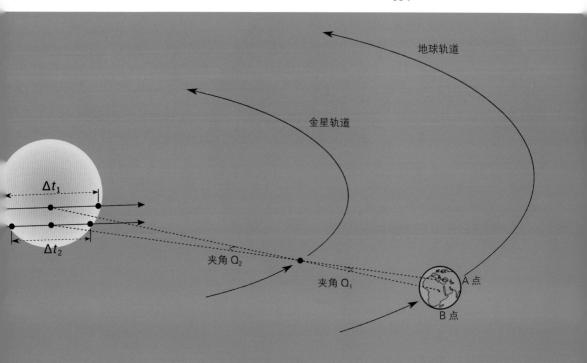

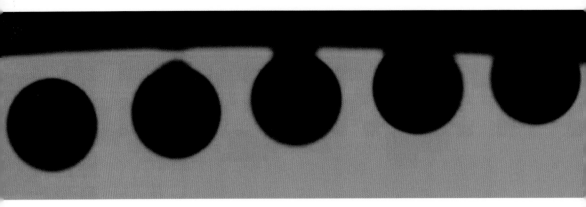

金星凌日的观测会遇到一种讨厌的现象——黑滴

凌日刚发生或邻近结束时，金星边缘会接近太阳的边缘，"黑滴"就是在这个时候出现的

没有等到下一次金星凌日来临。1761 年和 1769 年，天文学家才得到机会观测到新的金星凌日。1761 年，全世界有 130 多组观测队远征至西伯利亚、南非等地观测凌日。同样 8 年后的 1769 年也有许多观测队伍进行了远征。其中最著名的就是英国著名的库克船长率领的"奋进号"船，它远航到了南太平洋塔希提岛，把天文学家送到那里观测金星凌日。随后，他们还考察了邻近的澳大利亚和新西兰。

1771 年时，法国天文学家杰罗姆·拉朗德结合 1761 和 1769 年的金星凌日观测数据计算出 1 天文单位相当于 1.53 亿千米。这已经非常接近我们现在测量出的日地距离了。

讨厌的"黑滴"

历来金星凌日观测者都会遭遇一个讨厌的现象的干扰，就是"黑滴"。"黑滴效应"是金星边缘和太阳边缘互相靠得很近即将接触时，两个边缘被油滴状黑影"粘连"在一起的现象。"黑滴效应"使观难以把握金星入凌和出凌的精确时刻，因为它通常会持续1分钟。那种黑影会像油滴一样不断拉长，直到突然完全断裂，但是这个时候天文观测者已经来不及记录准确的时间了。所以，"黑滴效应"妨碍了天文学家像他们预期的那样了解太阳系的规模和行星的真实大小。在1874年和1882年的金星凌日观测过程中，尽管当时已有快拍摄像技术，但是他们仍然再次受到"黑滴效应"的干扰。后来，天文学家利用新发现的小行星来测量天文单位的大小，比用金星凌日测量的结果更为准确。

最初，大多数人认为"黑滴效应"是金星的大气层引起的，并把这视为金星存在大气的一个证据。但美国马萨诸塞州威廉姆斯学院的天文学家杰伊·帕萨科夫则对此产生了疑问。首先，金星的大气层很薄，恐怕无法产生这种效应。另外，水星凌日现象现在也已经得到了充分观测，在水星凌日的照片上，同样可以找到类似的"黑滴"现象。而水星上是没有大气层的，这恐怕说明"黑滴"和大气并无关系。2004年，帕萨科夫在远赴希腊观测了当时发生的金星凌日现象后，给"黑滴"现象提出了其他的解释。他指出，"黑滴"的形成或有两个原因：一是望远镜成像模糊，二是太阳圆盘的亮度越靠近边缘就越暗。

现在，在其他"太阳"上发生的凌星现象，正在帮助我们寻找和研究太阳系外的行星。而对金星凌日的观测，给了科学家一个不错的机会来操练这些技术。

例如金星凌日时，阳光穿透金星大气后会在光谱上留下大气成分的痕迹，所以分析光谱就可以研究金星的大气。用同样的方法分析恒星光谱，就可以帮助科学家确认围绕这颗恒星运转的行星大气中究竟有没有水或者甲烷等和生命现象相联系的成分。正因为如此，2012年的这次金星凌日成了历史上被观测和记录最完整最全面的天象之一。

Aurora
—Light Magic Played by Sur

极光
——太阳导演的光影魔术

在国际空间站上拍下的极光照片，国际空间站的高度约为 400 千米，所以可以居高临下的观看极光

　　根据欧洲太空总署（ESA）公布的一段珍贵影像，"太空人"（Alexander Gerst）在国际太空站捕捉到一道美丽的影像，这段视频用延时摄影技术把数小时的影像压缩成几分钟，在这几分钟里，太空中满天星斗环绕，地球从黑暗到明亮，一道浅绿色的光带翩翩舞动，随着太空站的移动，绿光迅速蔓延，覆盖地球表面。因为摄影的缩时效果，不到一分钟的时间，仿佛整个地球都被笼罩在圣洁的绿光之中，绚烂光辉变幻莫测，仿佛奇幻、科幻、甚至是宗教电影正在上演。

　　虽然不如在空间站上看到的如此壮观，但两极附近高纬度地区的人们在地面上也毕竟有机会看到这种华丽炫目的极光现象。古代，西方人以罗马神话中的曙光女神的名字为这种现象命名，称其为"Aurora"。

太阳风暴来供电

　　为什么会在地球南北两极附近的天空中出现这样奇

的景观呢？我们需要到太阳发光的光球层之上去看看。在

太阳大气层的顶端，一层稀薄而超热、在百万摄氏度以上

的高温下发光的气体被称为"日冕"。这些超热的日冕气

体被太阳的磁场束缚着。而太阳的磁场随着气体的运动则

像橡皮筋一样，不断地被拉伸，越绷越紧，积蓄能量，直

到无法再被拉伸的时候，磁场就会突然崩断，释放出炽热

的气体和辐射物质。膨胀的气体和辐射物质就如在太阳稀

地面上看到的形态各异的极光

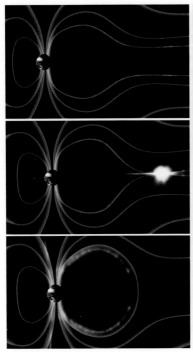

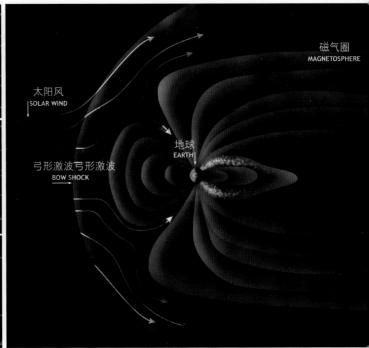

太阳风
SOLAR WIND

弓形激波弓形激波
BOW SHOCK

地球
EARTH

磁气圈
MAGNETOSPHERE

地球的磁场好像防护罩，让太阳风暴粒子偏转了，不过一部分粒子会沿着磁场进入背着太阳一侧的磁尾中（NASA 提供）

的大气层中吹出了一个气泡。当气泡破裂时，高能带电粒子就被吹向太空，这个过程就是日冕物质抛射。

日冕物质抛射以很高的速度向太阳系空间喷射密集的粒子流，在太空中形成一场风暴，类似于地球上发生的暴雨或风暴等极端天气一样。有时候，地球正好处在太阳风暴即将途经的地方。两三天后，风暴的前锋到达了，这些自远在 1.5 亿千米之外的太阳上形成的高能粒子流（包含电子和质子）猛烈冲向地球。幸运的是，地球有一个保护我们免受太阳风暴袭击的"偏转防护罩"，那就是地球的磁场。当太阳风暴粒子到达地球的时候，它们通常沿着地球的磁场方向流动，这就像当水流撞向岛屿后沿着岛的两侧流动一样。但是延伸数千米的粒子流，有一部分会在地球黑暗一侧的磁尾处，进入磁场防护罩。

在太阳风暴期间，地球磁场里挤满了通过各磁场"后门"流窜进来的高能粒子。这些高能粒子的数量和强度持续，就像电池充电一样。积累的结果是，地球磁场的磁感〔…〕发生扭绞和断裂，挤压高能粒子，让它们以1500千米每〔…〕的惊人速度喷向地球。高速电子和质子像雨水一样倾泻〔…〕地球的高层大气层。

大气变成霓虹灯

这些粒子就像霓虹灯管里的电流（实际上也是如此）。〔…〕们知道，密闭的霓虹灯的灯管里几乎是真空的，只充有〔…〕量的惰性气体。霓虹灯通电后，灯管里组成气体的原子〔…〕过电流积累能量，并以光的形式释放能量，所以我们看〔…〕气体发光（又称"虹光"，霓虹灯的发光颜色与所用气〔…〕和灯管的颜色有关）。

跟霓虹灯类似，来自太阳风的高能粒子流（可达上万〔…〕子伏特）在大气层中与原子和多半由氧、氮构成的分子〔…〕遇。氮和氧分子吸收了高能粒子所含的一部分能量，变〔…〕不稳定（科学家把这叫作激发态），于是会以光子的形〔…〕

高能离子，例如电子撞击氮、氧分子，使它们受到激发而发光（NASA 提供）

在国际空间站上拍下的极光照片。国际空间站的高度约为400千米，所以可以居高临下地观看极光（ESA 提供）

地球之外的极光

除了地球，太阳系的另外几颗行星也有磁场。当太阳抛出的粒子冲入它们的磁场时，也会形成极光。

木星和土星的磁场都比地球要强大，当它们的磁场积累的能量释放出来时，会形成更加壮观的极光。木星和土星的极光甚至在地球这里也能观测到，哈勃空间望远镜就拍下了这两颗行星极光的照片。

火星有微弱的磁场，欧洲空间局的"火星快车"探测器就曾在火星磁场最强的区域发现了极光现象。金星虽然没磁场，但太阳的粒子撞击它的大气时，也会产生发光现象。不过这样的光弥漫在整个金星的表面，叫"极"光似乎就不太合适了。

式再将这些能量释放出来，发出绿、红、蓝、粉红几种颜色的光。你可以想象，在短短几分钟内，地球的大气层就像是被通了 10 亿千瓦电量的巨大的霓虹灯广告牌！

这一切都发生在远离我们的高空。一般说来，极光下边界的高度离地面不到 100 千米；我们能够看到的极光最明亮的部分，都在离地面 110 千米左右的高度（这里被称为电离层，比喷气式客机在大气层中飞行的高度高 10 倍）；普通极光的最高边界在离地面 300 千米的地方，极端情况能达到 1000 千米以上。在极光起舞的地方，空气稀薄到我们无法呼吸，但是"电"却利用自己的神奇在那里打造出绚丽无比的天象。

生活在北美洲的大多数人在 10 年之间都能亲眼看见一两次北极光。生活在靠近北极的人们就更加幸运了，他们每隔几个月甚至每个星期都可以看到一场别开生面的极光秀。北极光经常出现在格陵兰岛北部、斯堪的纳维亚沿海和西伯利亚地区。出现在南极的极光就是南极光。在中国，东北地区和内蒙古、新疆的北部都有机会看到极光。当太阳活动非常剧烈的时候，北京地区甚至都可能看到极光。

哈勃空间望远镜拍摄到的木星极光
（NASA 提供）

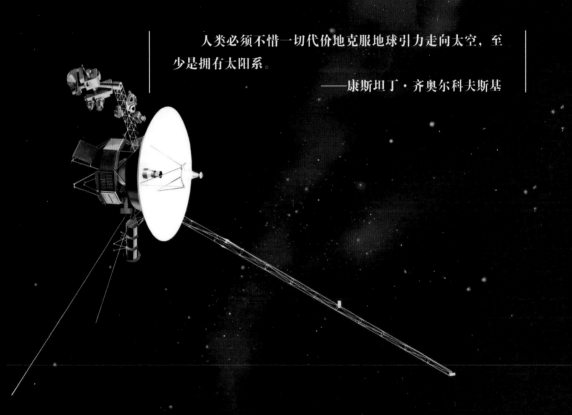

第5章
太阳系的其他成员

人类必须不惜一切代价地克服地球引力走向太空，至少是拥有太阳系。

——康斯坦丁·齐奥尔科夫斯基

图注："旅行者" 1 号和 2 号已经越过了冥王星轨道，正在以 62000 千米 / 小时和 56000 千米 / 小时的高速飞往太阳系边界。

Visitors from Afar—Comets
远方的来客——彗星

1786 年 8 月 1 日晚，英国女天文学家卡罗琳·赫歇
在用她哥哥为她制造的望远镜观察夜空。卡罗琳的哥哥
廉·赫歇尔是著名天文学家，也是一位杰出的望远镜制
大师。卡罗琳除了帮助哥哥进行观测外，自己也取得了
多天文发现。就在那个晚上，卡罗琳发现了一颗彗星，
为世界上第一个发现彗星的女性。这颗彗星也被人们以
的名字命名。在这之后，卡罗琳·赫歇尔又先后发现了
他 7 颗彗星，其中有 5 个也冠上了她的名字。

要发现一颗彗星，你并不是总需要一台天文望远镜
因为有些彗星是不用望远镜就可以看到的。人类在几千
前就知道彗星了。不过，那时人们不知道它们究竟是什么
也不知道它们的出现意味着什么。

有趣的是，世界各地的人们不约而同地认为彗星是
天传来的讯息，而且通常是不好的讯息。人们相信，彗
预示着要有可怕的事情发生：比如重要人物的离世、恐
灾难的发生或战争的爆发。例如，在 1066 年，当哈罗德
王和征服者威廉因争夺英格兰王位而发动黑斯廷斯之战
天空中就出现了彗星（就是著名的哈雷彗星），就被认
预示着哈罗德战死的命运。在织毯女工们为了纪念这场

哈勃空间望远镜拍摄的艾
森（ISON）彗星的照片

纪念黑斯廷斯之战的挂毯
上，彗星高悬在天空

而织造的巴约挂毯上，可以看到彗星高悬于战场上空的背景。

值得一提的是，正因为人们如此畏惧彗星，人们才会在它们出现时特别仔细地记录它们。例如，中国的学者们在公元前300年完成的马王堆帛书中便详细地记录了彗星。类似这样的记录对后世科学家们的帮助巨大，这其中就包括我们前面提到的威廉和卡罗琳。

如今，我们知道彗星是在轨道上围绕太阳旋转的冰态天体，它们有时会被人们称为"宇宙雪球"，是由帮助构成太阳系其他物体的物质组成的。

彗核是彗星坚硬的中心部分，由冰、尘埃和在低温下凝固成固体的二氧化碳等物质组成，所以人们常说彗星是一个"脏雪球"。当彗星离太阳越来越近时，彗星便会开始升温，彗核表面的冰和二氧化碳等物质就会挥发成气体。这些气体混杂着尘埃，形成了围绕在彗核周围的一大团云状物，这就是彗发。在太阳风和太阳辐射压的"吹拂"下，彗发的一部分延伸到彗核后部形成了长长的彗尾，而彗尾总是指向背离太阳的方向。

彗核本身反射的光很微弱，只有当它接近太阳，"长出"了彗发和彗尾才会变得容易被看到。彗星的彗发和彗尾都比它的彗核大很多很多倍。我们见过最大的彗核直径也

彗星 81P 的彗核，和多数彗星一样，这是一团尘埃、岩石、冰和冻结成固态的甲烷和二氧化碳等物质组成的"脏雪球"

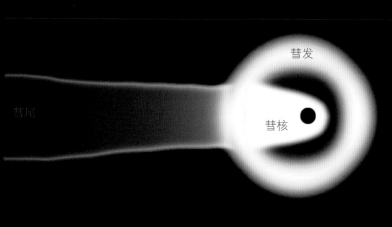

彗星结构图。彗星的核心叫作彗核，是一个表面粗糙，由尘埃、岩石、冰和被冻结成固定的甲烷和二氧化碳等组成的"脏雪球"，彗核的直径一般只有 1~50 千米。通常我们是看不到彗核的，因为它太小了，我们看到的是彗核挥发出的气体和尘埃组成的云雾，也就是彗发，其直径可以达到 100 万千米。彗发中的电离气体和尘埃则形成彗尾

彗发

彗尾

彗核

彗星的轨道一般是椭圆，周期越长，这个椭圆就越发的扁长

哈雷彗星

当彗星接近太阳时，表面物质挥发，才会出现慧发和彗尾

不过才有大约 40 千米，但这颗彗星的彗尾却能够绵延数亿千米。对于观察彗星的人来说，它长长的尾巴加上它亮晶晶的彗发是最令人兴奋的东西。

因为彗星绕着太阳转，所以它们会周期性地出现。这就意味着我们可以预测它们出现的时间。哈雷彗星就是因为被英国天文学家哈雷准确预测了下次来访的时间而闻名于世的。彗星的轨道往往是很扁的椭圆，所以围绕太阳转一周的时间要比行星长得多。短周期彗星花不到 200 年的时间就能绕太阳一周，而长周期彗星绕太阳一周的时间要比 200 年长。

彗星从哪里来取决于它是长周期彗星还是短周期彗星。短周期彗星来自太阳系中一个叫作柯伊伯带的地方。柯伊伯带就像是超大版的小行星带，距离海王星大约有 30 到 50 天文单位远。柯伊伯带内存在着大量冰质小天体，有一些达到了像冥王星那样的量级，被称为矮行星。与短周期彗星不同，长周期彗星来自奥尔特云，一个由无数颗彗星组成包围着整个太阳系的球。它的外部边界距离太阳的距离可达 100000 天文单位，就是太阳系的外层边缘。

处在柯伊伯带和奥尔特云里的冰质小天体，在太阳系

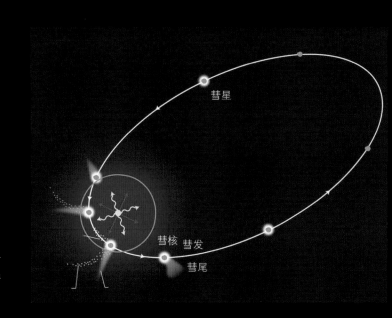

彗星

彗核　彗发

彗尾

围的行星或临近恒星的引力扰动下会脱离自己原有的轨道闯进内太阳系，在那儿演变成真正的彗星。

　　现在我们知道彗星究竟是什么东西了，也知道彗星是从哪儿来的了，但那些彗星最终会到哪儿去呢？它们会不会就永远绕着太阳转了？我们知道彗星是呈周期性的，它们会定期回来。它们不停地回来就会让人们觉得它们一直都会这样来来回回，永无止境地绕着太阳转，但实际上它们不是这样的。

　　一颗彗星的消亡分几种不同方式。如果它们飞得离某颗行星太近的话，它们就会由于引力的作用而被吸过去，与那颗行星或那颗行星的卫星相撞。巨大的木星就是一个著名的彗星"杀手"。

　　即使没有遭遇"交通事故"，彗星也会逐渐变得虚弱。还记得彗发吗？那个当彗星靠近太阳时在彗核周围形成的一团雾状的尘埃和气体？这些物质会从彗星上流失掉。彗星每次靠近太阳，它本身的组成物质就会丢失一部分，如果一颗彗星绕太阳足够久的话，它身上的冰等可以挥发的物质就会损失殆尽，最后只剩下一点点岩石，这样它也就失去了被称为彗星的资格了。

　　有时，彗核本身比较脆弱，会不断有尘埃和颗粒从上面脱落下来。当地球经过一颗彗星的轨道时，我们能够看到那颗彗星脱落的尘埃和颗粒。这些尘埃和颗粒进入地球大气层后会燃烧起来，形成一场流星雨。其实每个流星雨背后都有一颗彗星。著名的狮子座流星雨，就是坦普尔·塔特尔彗星脱落的物质形成的。这样的彗星最终可能完全碎裂掉，只残留下带来流星雨的碎屑。

　　所以，在你还能看见它们的时候多看几眼吧！如果你能像卡罗琳那样足够幸运的话，或许未来的某一天你也能发现一颗彗星。

　　哈勃望远镜拍到了彗星碎裂的过程，我们看到的那些美丽壮观的流星雨，就来自于

Little Brother in Solar System
太阳系中的小兄弟

太阳系除了太阳和八大行星之外还有许多小成员，例如小行星。这些制造行星时留下的边角料，从各种意义上来说，都是我们不能轻视的"邻居"。

缺失的行星

1766 年，德国的一位中学教师提丢斯发现了关于太阳系中行星轨道的一个简单的几何学规则，之后由天文学家波得整理发表：取 0、3、6、12、24、48……这样一组数，每个数字加上 4 再除以 10，就是各个行星到太阳距离 (天

小行星带位于火星和木星的轨道之间

太阳　水星　金星　月球　地球　火星　木星　天王星　小行星带

文单位）的近似值。按照这个规律，

★ 水星到太阳的距离为（0+4）/10=0.4 天文单位

★ 金星到太阳的距离为（3+4）/10=0.7 天文单位

★ 地球到太阳的距离为（6+4）/10=1.0 天文单位

★ 火星到太阳的距离为（12+4）/10=1.6 天文单位

实际观测到的各行星到太阳的距离，竟也和这些数据神奇地相符！照此下去，下一个行星的距离应该是：（24+4）/10=2.8，可是当时，在那个位置上并没有发现任何天体。

小行星带中充满了大大小小如同碎石一样的小天体

1801 年新年的晚上，意大利神父朱塞普·皮亚齐没有参加宴会，却在聚精会神地观察着星空。突然，他从望远镜里发现了一颗非常小的星星，正好在"提丢斯——波得定律"中 2.8 的位置上。这颗星，被命名为谷神星（Ceres）。当时人们以为缺失的行星终于被发现了，之后有长达半世纪之久的时间内，谷神星都被称为第 8 颗行星（其他 7 颗分别是水星、金星、地球、火星、木星、土星和天王星）。

1802 年，天文学家奥伯斯在同一区域内发现另一小行星，随后被命名为智神星。到了 1807 年，在相同的区域内又找到了第三颗婚神星和第四颗灶神星。之后，在这个区域陆陆续续发现了无数小行星。这个区域后来被称为小行星带，据估计在这个小行星带里大约有 50 万颗以上的小行星。虽然直径约 950 千米谷神星是其中最大的一颗，占了整个小行星带总质量的 32%，但显然它已经不能独自占据行星之位了。填补了轨道空缺的是一大群小行星，而不是单独一颗行星。

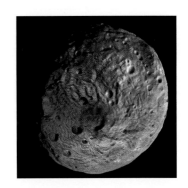

直径约 950 千米的谷神星

那么为什么这里没有出现整颗行星呢？比较普遍的观点是，这是木星这个"大家伙"干的。在太阳系形成初期，这个区域应该会形成一颗行星的，但是因为木星引力太强，在它的干扰下，小行星们没能聚集成一颗行星，而是一直保持着分散状态。现在我们看到的这些小行星，就是当年"杀星"事件遗留下来的残骸和碎片。

直径约 500 千米的灶神星

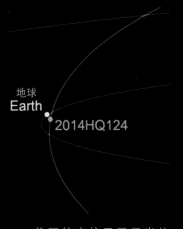

美国航空航天局画出的
2014 年 6 月 8 日与地球擦肩而
过的小行星的轨道。据地球最
近点约 1.25 万千米

小行星的撞击轻则可能毁
灭城市，重则可能导致生物大
灭绝

致命杀手

2013 年 2 月 15 日，一颗直径 19 米的流星尖啸着划过俄罗斯西部城市车里雅宾斯克的天空，并在空中爆炸。这次爆炸释放出了相当于 500 吨 TNT 炸药的能量，制造出的火球比太阳还要亮好几倍，甚至灼伤了人的皮肤。爆炸的冲击波粉碎了许多房屋的玻璃，把当地许多居民吹翻在地，导致 1200 多人受伤。

这样的事件提醒我们，地球所处的环境并不安宁。可以毫不夸张地说，我们就好像坐在一个宇宙的"射击训练场"中间，子弹正从身边呼啸而过。

虽然小行星主要集中在小行星带中，但在周围行星引力的作用下，有些小行星也会来到地球的身边，它们的轨道甚至会与地球轨道相交，这就是近地小行星（near-Earth asteroids，NEAs）。这些小行星可能有机会与地球亲密接触，而这样的接触带给地球的往往是灾难。科学家认为 6500 万年前的恐龙灭绝事件，就是一个大型的小行星或彗星撞击地球导致的后果。1908 年 6 月 30 日俄罗斯通古斯发生的大爆炸荡平了西伯利亚的 2000 平方千米的森林，其罪魁祸首也很有可能是一颗小行星。

据统计，直径大于 1 千米的近地小行星数量超过 900 个，如果这样的小行星撞击地球的话，就会给人类文明画上句号。直径 140 米等级的 NEO 预计数量大约为 15000 个，其

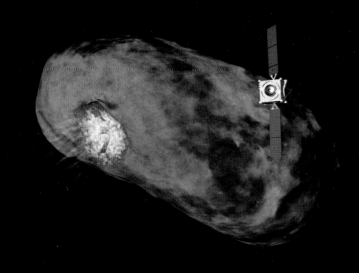

美国航空航天局提出利用
核弹让小行星轨道偏转的方案，
让小行星偏离撞向地球的轨道

任何一个都能荡平一座大都市。而直径 30 米或更小的小
行星总数超过 50 万个，而它们中有很多都能摧毁一座城市。

据科学家估算，每过大约不到 100 万年，地球就会遭
到直径 1 千米的小行星的撞击，而 5 千米直径天体的大撞
击大约每 1000 万年发生一次，而小型的撞击每月会发生好
几次。那么，有没有办法阻止近地小行星，保护地球呢？

1967 年，在麻省理工学院的研究生课堂上，保罗·桑
夫教授布置了一个作业，要求学生设计方案阻止直径 640
米的小行星"伊卡洛斯"对地球的撞击，而当时这颗小行
星正要从地球身边掠过。学生们最终给出的答案是：用火
箭先后发射 6 颗核弹连续轰炸小行星，从而摧毁它或是让
它的运动方向偏转。

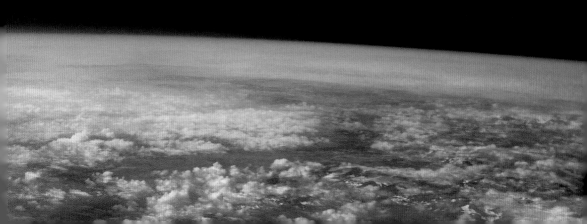

小飞船用激光束照射小行星，蒸发岩石产生的气流会推动它改变运动方向（图片来源：planetary society）

不过，小行星被炸碎后，碎片依然可能威胁地球，就如同把单颗子弹换成了散弹枪的射击。近些年来，科学家们开始严肃考虑地球防卫计划，相继提出了一些更可靠的方案。爱荷华州立大学小行星偏转研究中心的方案也提出了使用核弹，但是方法更为巧妙。他们的计划是先用一艘飞船在小行星表面撞出一个坑，然后让第二艘携带核弹的宇宙飞船对这个坑进行爆破。模拟显示，这样可以把破坏力扩大10~20倍，更可能把小行星彻底粉碎成无害的微小碎片。

而其他专家提出了一些不那么暴力的手段。有人建议提前给有威胁的小行星装上离子火箭发动机，虽然发动机的推力对小行星的运动影响微乎其微，但在广阔的太空中，只要方向稍有改变，它就不会跟地球相遇了。也有人提出，可以在小行星表面"涂上"明或暗的条纹。条纹会改变小行星的反射率，从而让热辐射发出的光子细微地推动它。英国研究者则计划用几个"激光蜜蜂"小型飞船包围小行星，每个都用一束激光照射陨石表面。高温蒸发岩石时产生的气流就可以缓缓推动小行星，从而改变它的运行轨道。

尽的宝藏

不请自来的小行星威胁着地球的安全，但也有人想主动把小行星请回来。这是因为小行星里面蕴含着丰富的资源，如果能加以捕捉利用，那将会是一笔非常巨大的财富。航天技的先驱，俄罗斯火箭科学家康斯坦丁·齐奥尔科夫斯基在1903就曾设想，开采收获小行星中的氢燃料和水等资源，以让宇航员脱离来自地面的补给依赖从而在太空中生存。

据热衷于开发小行星资源的人士分析，单独一块直径0米的小行星就可能含有相当于目前全世界储量1.5倍的重的铂族金属，如铱和钯。同时，同样大小的富含水的行星，可能含有能装满80艘超级油轮的水。如果把这些转化为氢和氧，提供的燃料足够能为曾经在人类历史上现的所有火箭提供动力。在这些诱人数字的吸引下，人已经投资兴办了数家小行星矿业公司。

美国国家航空航天局，也正在筹划"捕捉"一颗小行并把它送到围绕月球运转的轨道上。小行星被重新安置后，就可以派宇航员实地考察它了。

在新的太空时代，小行星带来的不仅是威胁，同时它也会提供前所未有的机遇。

在小行星上开采矿物（图片来源：NASA）

The Frontier of the Solar System
太阳系的边界

尽管很难确定太阳系是由什么构成的，但是我们知道太阳独占了整个太阳系 99.9% 的物质。太阳是太阳系中唯一的巨大天体。它的引力所能影响的范围，可以延伸到太阳到地球距离的 5 万倍。太阳到地球的距离叫作天文单位（AU），约为 1.5 亿千米，是天文学家常用的一种距离单位。

柯伊伯带和奥尔特云

如果要从地球启程离开太阳系的话，会依次经过火星、木星、土星、天王星和海王星的轨道。接下来，当你穿过冥王星的轨道之后，就来到了柯伊伯带，这片区域包含上百万颗的围绕太阳运转的彗星。一些天文学家认为，冥王星就是柯伊伯带的一员。太阳系内侧的彗星不是撞上行星，就是被木星和土星的引力甩到了太阳系外。而柯伊伯带的彗星一路上都不会遇到行星，所以不会受到干扰。

柯伊伯带和行星在一个平面上围绕着太阳运转。所以我们的太阳系看上去就像一张扁平的唱片。然而，在柯伊伯带之外还有奥尔特云，它是由上万亿颗彗星组成的。这些彗星在不同的方向围绕着太阳运转，它们的运行轨迹绕着太阳形成了一个球体。一般认为，这些彗星最初是在距离太阳更近的地方形成的，但是后来被木星和土星的

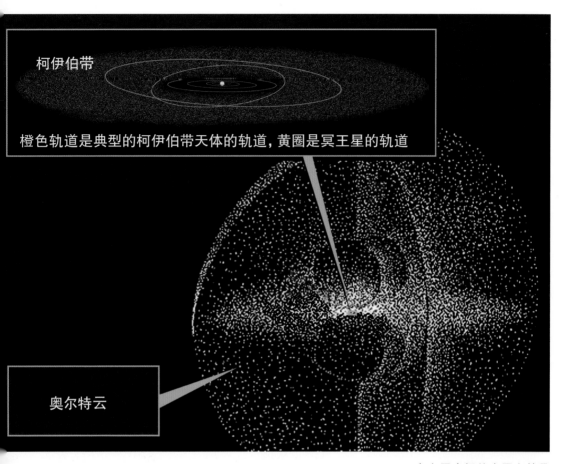

柯伊伯带

橙色轨道是典型的柯伊伯带天体的轨道，黄圈是冥王星的轨道

奥尔特云

左上图中间的小圆点就是太阳，柯伊伯带和行星同在一个平面，围绕着太阳运转。在这外面有巨大的奥尔特云，它是由上万亿颗彗星组成的，它们的运行轨迹围绕着太阳形成了一个球体

甩了出去。

奥尔特云的全名是欧皮克－奥尔特云。恩斯特·欧皮克（Ernst Opik）在1932年预测了它的存在，简·奥尔特（Jan ort）在18年后完善了欧皮克的计算。即使用哈勃望远镜，们也看不到奥尔特星云。所以我们只能假想它在那里。在宇宙中的直径有2光年。冥王星离我们有40天文单位，奥尔特云离我们则有5万天文单位。

一个物体离太阳越远，它受到太阳的引力作用就越小。力的大小和距离的平方是成反比的，也就是说，如果一物体和太阳的距离是2天文单位，那它受到的引力就是离为1个天文单位时的1/4。如果一个物体和太阳的距离10天文单位，那它受到的引力是距离为1个天文单位时的 1/100。距离太阳有 5 万天文单位的奥尔特云，受到太阳的引力作用就非常微弱了。奥尔特云里的一些彗星可能因为有一颗恒星路过而被弹到太空中，从此再也回不来了。从某种意义上说，这表明奥尔特云已经接近了太阳系的边界。

"旅行者"的太空任务

目前，人类送出的探测器中，向宇宙深处挺进最远的是"旅行者" 1 号和"旅行者" 2 号。这对双胞胎太空探测器都是在 1977 年发射升空的，目的是探索太阳系的外部区域。直至今日，它们仍在继续向美国国家航空航天局传送探测数据。这两个探测器向地球发送的信息已经超过 5 万亿比特了，足够装满 7000 张 CD。尽管这两个探测器都有推进器，可做细微的速度调整，但是它们都要利用木星巨大的引力，从木星那里"偷来"一点动量，才能高速地飞向土星。

"旅行者"号的首要任务是探测木星和土星。1986

美国航空航天局的旅行者 1 号飞船在太阳系的边缘遇到了"磁流"，这意味着飞船已接近日球层顶，这里是太阳系与外太空的边界

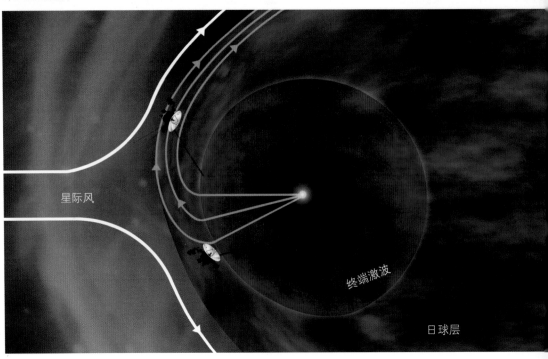

星际风

终端激波

日球层

月，"旅行者"2 号就已经完成了探测任务，继续飞向更

的天王星了。探测天王星的任务完成后，"旅行者"号

任务就变成了探测太阳的最外层，也叫作日球层。

球层和太阳系的边界

天文学家对如何定义太阳系的边界还有争论。一种观

是太阳系的边界是太阳引力不再起支配作用的地方。这

地方被认为在奥尔特云之外，在太阳和比邻星（离太阳

近的一颗恒星）中间的某一个位置。现在"旅行者"1 号

2 号已经越过了冥王星轨道，正在以 62000 千米 / 小时和

000 千米 / 小时的高速飞往太阳系边界。但我们与冥王星

距离，仅仅是到太阳系边界距离的 1/50000。所以，"旅

者"号探测器要到达太阳系边界还需要漫长的时间，大

要再过 4 万年，它们才能抵达那条非常模糊的边界。

太阳系和它的边界，要注意这个不是按照实际距离比例排列的

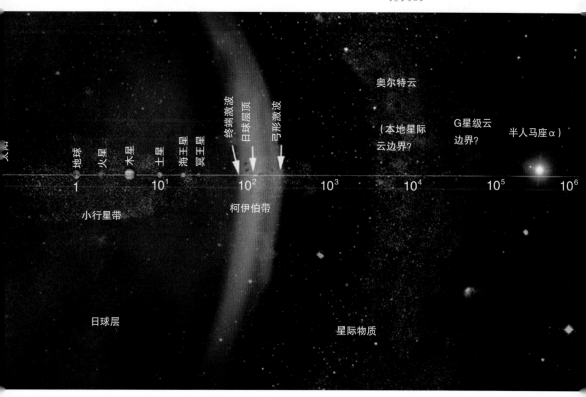

另一种观点认为，日球层顶是一个更准确的边界。「是太阳风和星际风之间的界限。一旦"旅行者"号穿过这个界限，它们就会受到其他恒星喷射出的、并非来自太阳的物质的撞击。按照这个定义，现在"旅行者"1号应该已经在星际空间中了。

太阳会以很高的速度，喷发出巨大数量的等离子体（高能质子和电子），这种现象被称作"太阳风"。太阳风会围绕着太阳系形成一个球形保护层，以阻挡星际风的压力。太阳风的速度在"终端激波"（译者注：太阳风由于接触到星际介质而开始减速的区域）会突然下降，在终端激波外还有一层叫作"太阳风鞘"的过渡层，这个过渡层的边界就是日球层顶。当"旅行者"1号在2012年经过太阳风鞘层的时候，它遇到的等离子体数目突然激增为以前的40倍，这也意味着，这个探测器已经离开了太阳系的边界，处在了星际空间中。这个对太阳系边界的定义和上一个定义相比就显得更加具体了。

"旅行者"1号已经离开了日球层，进入了星际空间

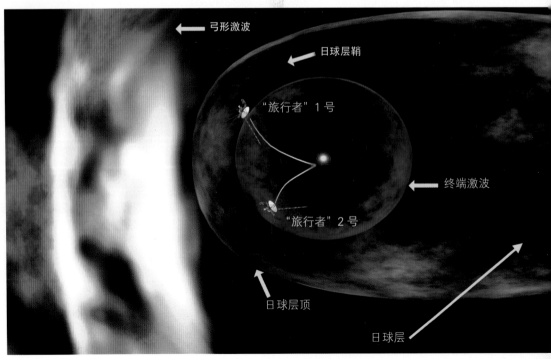

弓形激波

日球层鞘

"旅行者"1号

终端激波

"旅行者"2号

日球层顶

日球层